北京黑猪母猪

三江白猪公猪

三江白猪母猪

上海白猪母猪

湖北白猪公猪

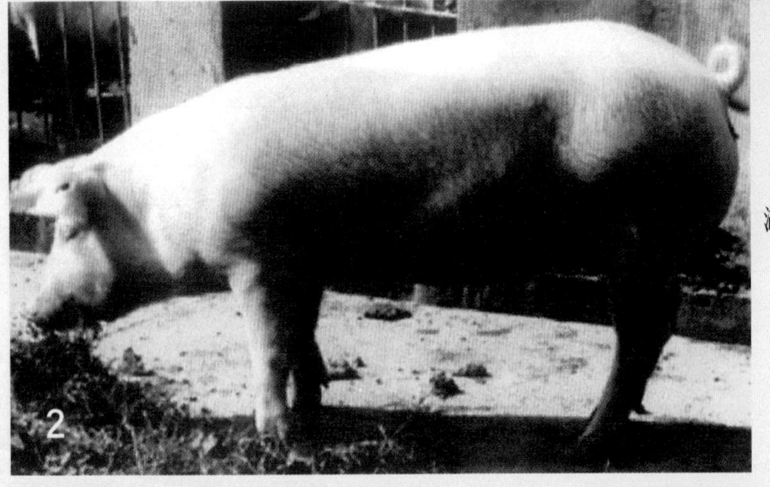

湖北白猪母猪

长白猪公猪

长白猪母猪

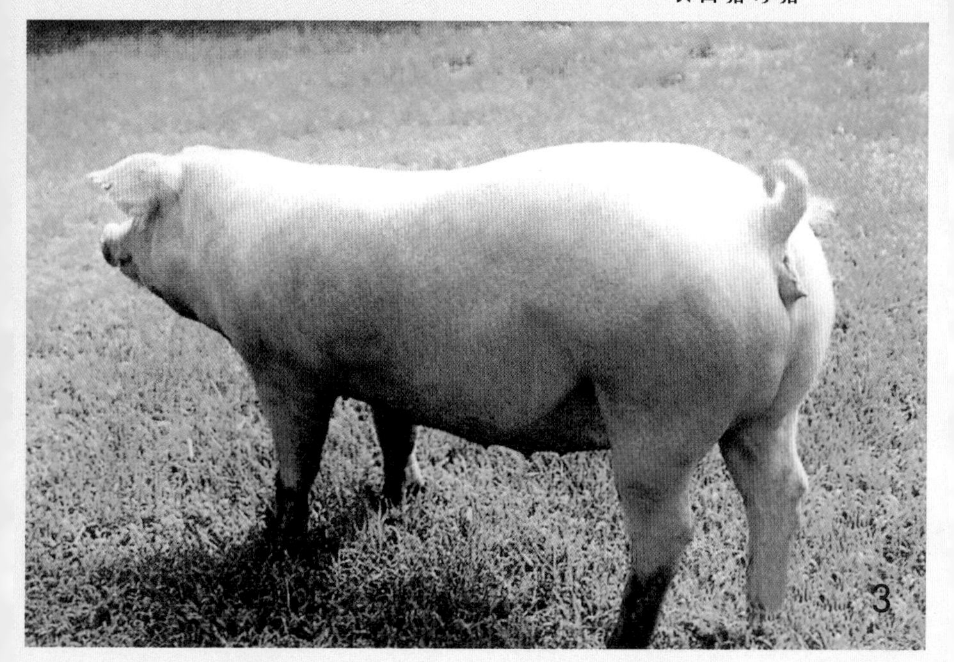

大白猪公猪

大白猪母猪

杜洛克猪公猪

杜洛克猪母猪

皮特兰猪公猪

皮特兰猪后备母猪群

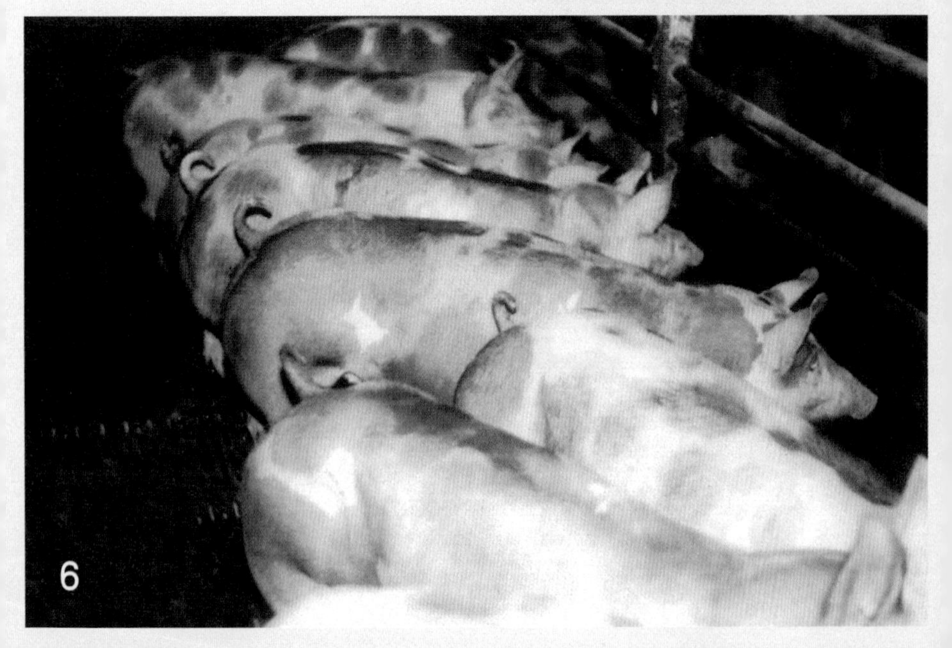

（一）PIC配套系种猪

父母代CDE系母猪（商品名康贝尔母猪，产品代码C_{22}系）

父母代AB系公猪（产品代码L_{402}）

（二）施格配套系种猪

母系曾祖代
36系母猪

母系曾祖代
12系公猪

母系曾祖代
15系公猪

父系曾祖代
23 系公猪

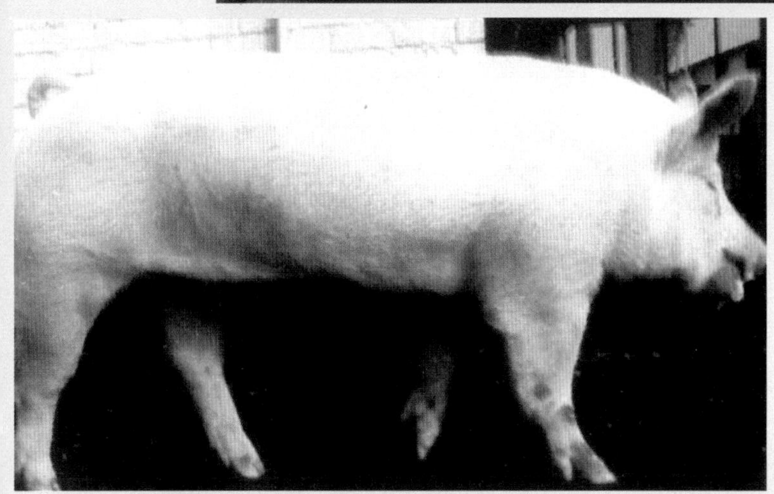

父系曾祖代
33 系公猪

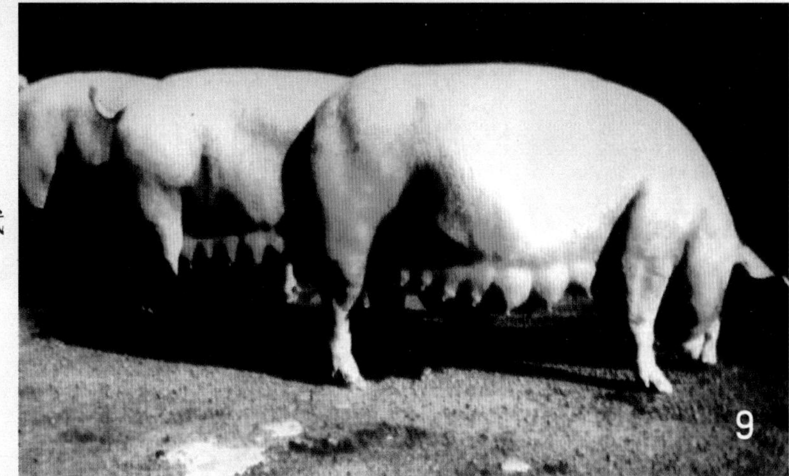

母系祖代
12/36 系
母猪

父母代 12/12/36
系母猪

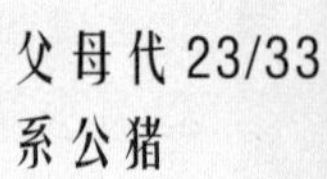

父母代 23/33
系公猪

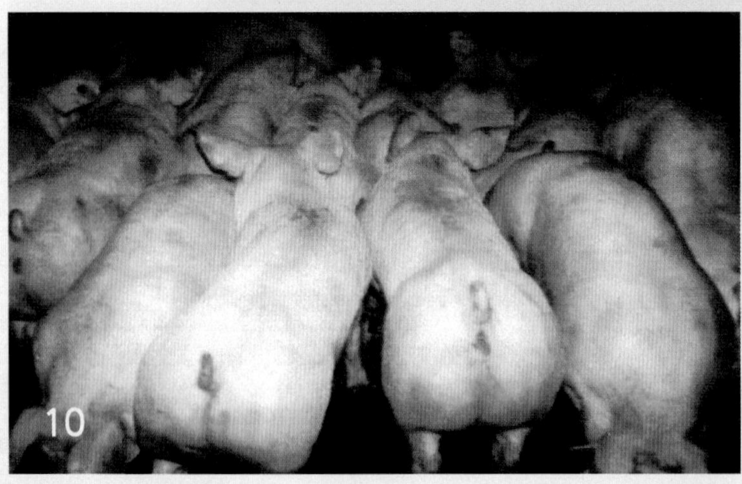

施格配套系
商品猪

（三）伊比得配套系种猪

母系曾祖代 FH O25 系公猪

母系曾祖代 FH O12 系母猪

父系曾祖代 O16 系公猪

父系曾祖代
019系母猪

父母代FH 304
系公猪

父母代 FH 300 系母猪

（四）达兰配套系种猪

母系曾祖代
020系公猪

母系曾祖代030系公猪

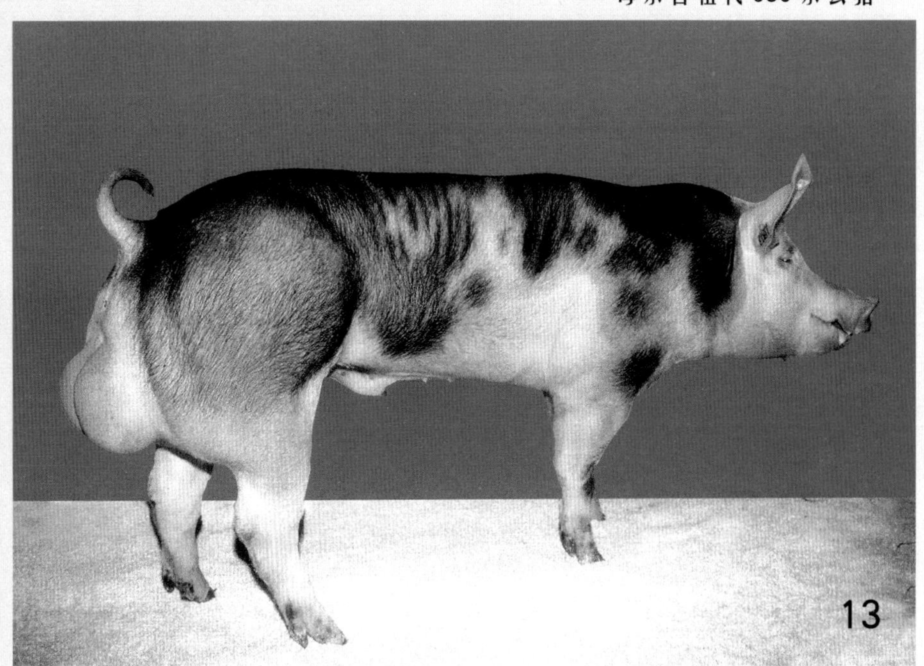

父系曾祖代 080 系公猪

母系父母代 040 系母猪

（一）深农配套系种猪

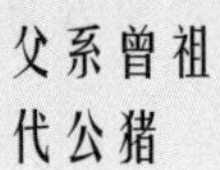

父系曾祖代公猪

母系曾祖代Ⅰ系公猪

父母代母猪

（二）中育配套系种猪

母系曾 祖代
B 06 系公猪

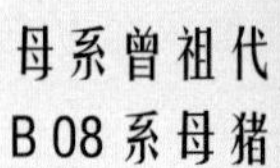

母系曾祖代
B 08 系母猪

父系曾祖代
C 03 系公猪

畜禽良种引种丛书

猪
良种引种指导

ZHU
LIANGZHONG YINZHONG ZHIDAO

荆继忠　黄　毅　编著

金盾出版社

内 容 提 要

本书由中国畜牧业协会猪业分会专家编著。内容包括：我国养猪生产概况，猪良种引种的原则和方法，地方猪种和培育猪种，引进猪种和具有我国企业品牌的引进猪种，引进的配套系猪种和选育的配套系猪种等。对每个猪种的品种形成、体型外貌、生产性能、饲养管理特点及供种单位均做了简明扼要的阐述，同时对养猪场和养殖户引种时应遵循的原则和引种方法也做了介绍。内容丰富，信息可靠，语言简练，适合养猪生产者、经营者学习使用，也可供农业院校师生阅读参考。

图书在版编目(CIP)数据

猪良种引种指导/荆继忠，黄毅编著．—北京：金盾出版社，2005.9

(畜禽良种引种丛书)

ISBN 978-7-5082-3716-9

Ⅰ.猪… Ⅱ.①荆…②黄… Ⅲ.猪-引种 Ⅳ.S828.2

中国版本图书馆 CIP 数据核字(2005)第 069965 号

金盾出版社出版、总发行

北京太平路 5 号(地铁万寿路站往南)

邮政编码:100036 电话:68214039 83219215

传真:68276683 网址:www.jdcbs.cn

彩色印刷:北京百花彩印有限公司

黑白印刷:北京兴华印刷厂

装订:双峰装订厂

各地新华书店经销

开本:850×1168 1/32 印张:5 彩页:16 字数:110 千字

2009 年 6 月第 1 版第 5 次印刷

印数:38001—53000 册 定价:9.00 元

序言

改革开放以来,我国畜牧业取得了辉煌成就。全国在20世纪末只用了约20年的时间,就使肉、蛋的产量跃居世界第一,禽肉总产量位居世界第二。畜牧业已成为丰富城乡居民菜篮子和农民致富的重要产业。

科学技术进步是畜牧业发展的动力。畜禽良种的培育、引进、推广是畜牧业发展的基础工作之一,也是畜牧业技术进步的重要标志,现在和将来都会对增加畜产品产量、改进畜产品品质和提高畜牧业经济效益发挥重要作用。引种是一项技术性很强的工作,只有坚持从本地区、本单位的实际出发,做到科学引种,才能避免风险,取得预期效果。

在我国畜牧业的发展过程中,科普工作发挥了重要的作用。但是,近年来引进品种和国内培育品种均有所变化,专门介绍畜禽品种的科普书籍还不多。为此,金盾出版社约请中国畜牧业协会、中国农业科学院、南京农业大学、甘肃农业大学、东北农业大学和浙江大学动物科技学院等单位的畜禽养殖专家,编著出版了"畜禽良种引种丛书"。"丛书"包括猪、羊、奶牛、肉牛、家兔、蛋鸡、肉鸡、鸭鹅和肉鸽鹌鹑等9个分册。各分册详细介绍了优良品种的来源、特征特性和生产性能,阐述了引种的原则和方法,具体介绍了主要供种单位及其联系方式。

“丛书”的编著者均为多年从事畜牧业的技术工作者，具有较为全面的专业知识和丰富的实践经验。我衷心期望这套“丛书”能在今后畜禽养殖业生产中发挥作用，为我国畜牧事业的发展做出有益贡献。

中国畜牧业协会会长 [signature]

2003 年 7 月 1 日于北京

前言

改革开放以来,我国的养猪生产得到极大的发展,2003年养猪经济的年度产值(仅指养殖)占整个畜牧业经济年度产值的46.58%,猪肉的产量占到当年肉类总产量的65.18%。同时,养猪生产的产业化程度也在不断提高,年出栏50头以上的规模饲养场(户)增长了103 775个,较2002年的1 034 843个增长10.03%。

随着经济的发展和我国加入世界经济贸易组织,及经济一体化的大趋势将促使我国猪业经济的产业化得到进一步发展。在猪业产业化发展进程中,良种猪受到越来越多的重视,使用良种组织生产,是实现猪业经济可持续发展的重要基础条件之一,这个观点已经成为广大养猪人的共识,基于市场的客观需要,纷纷引进或调整已有的猪种。因此,在这个时候出版《猪良种引种指导》具有十分积极的意义。编写此书的目的,首先是为了能使广大读者在引种改良时得到有益的指导,同时也更好地为种猪企业服务,在企业与读者间架起一座了解和沟通的桥梁,为促进养猪产业的发展服务。

编撰本书的主导思想是基于国际国内养猪产业发展和技术进步的大趋势,把目前我国养猪生产中使用的良种介绍给读者。这些良种,有的是我国劳动人民长期选育的地方猪种,有的是利用引进猪种与地方猪种,或引进猪种间杂交选育的品种(品种群)或配套系，有的是从国外引进的品种或配套系，畜牧业协会利用与猪业企业，特别是一些大型猪业(种猪)企业有着广泛联系的优势，广泛地征集了稿件，使本书的内容鲜活实用。

编撰本书遇到不少困难，一方面是对描述良种猪特征的图片取舍，另一方面是表明良种猪性能水平的数字资料的选用，如何对这些内容进行编撰，才能给读者提供最有用的信息，这是有一定难度的。在市场经济条件下，卖方为了实现销售，往往向买方提供一大堆资料，这些资料信息对了解对方企业具有一定的积极意义。但是在引种实践中，不能完全根据资料作为引种的依据，还需要对供种企业进行实地考察。本书对良种猪及生产企业的介绍，也仅能为引种者提供基本参考，指出一个基本方向。

本书还具有一定程度的科普意义。随着时代的发展，养猪也包含很多科学技术，科学技术是这个古老行业实现产业化发展的动力。编者力图通过浅显的语言，反映这个时代养猪产业中的科技成果。

在本书的编撰过程中，中国畜牧业协会的众多种猪企业纷纷向协会提供资料，协会胡跃华先生对图片的编撰给予很大的帮助，在此一并表示致谢。

尽管编者遵循为读者服务的宗旨编写此书，但由于种种原因，可能存在疏漏和错误，敬请广大读者不吝批评指正。

编　者

2005 年 2 月

通信地址：北京市农展北路 55 号 B 段 4 层中国畜牧业协会猪业分会
邮　　编：100026　电话：010—65918833—58

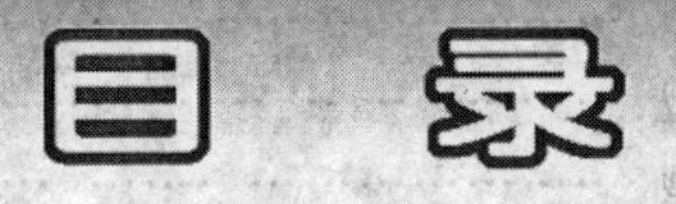

目 录

第一章 我国养猪生产概况

一、改革开放以来我国养猪业的发展

我国是世界第一养猪大国,改革开放以来,在政策的引导和投入的支持下,养猪生产得到极大发展,标志生产规模的年末存栏量和全年屠宰量连续增长,自 1990 年以来,年度平均增长分别达 4.99%和 2.03%(表 1-1)。

表 1-1 1990～2003 年我国生猪年末存栏、全年屠宰量变化趋势

年　度	年末存栏（亿头）	全年出栏（亿头）	年度	年末存栏（亿头）	全年出栏（亿头）
1990	3.61	3.21	1997	4.68	5.67
1991	3.64	3.49	1998	4.86	4.72
1992	3.80	3.62	1999	4.29	5.09
1993	3.94	3.75	2000	4.38	5.56
1994	4.03	4.22	2001	4.54	5.57
1995	4.25	4.94	2002	4.65	5.76
1996	4.52	5.18	2003	4.70	5.86

与此同时,人均猪肉占有量从 1991 年的 22.21 千克,增加到 2003 年的 35.1 千克,大大超过世界人均猪肉占有量 15.39 千克的水平。综观近 10 余年世界养猪形势,我国养猪业的发展已经成为拉动世界养猪业发展的动力,也使我国成为世界第一养猪及猪肉消费大国。

在养猪业迅猛发展的进程中，我国注重引进世界优秀瘦肉型猪种，全面带动了我国的猪种改良；大力推广应用全价配合饲料，为发挥优良猪种的性能奠定了基础；在管理上，积极推进先进的生产工艺、计算机网络技术和科学的疾病控制技术，大幅度提高了养猪生产的管理水平；规模养猪业的发展，加速了我国养猪界与发达国家养猪界的技术交流，有力地推动了我国养猪业的技术进步。

二、我国养猪生产的格局

我国农村面积广大，农业人口众多，农民历来有养猪的习惯，在我国养猪生产格局中，无论饲养户数，还是年度出栏猪头数，农村散户（年出栏 50 头以下）、中小规模饲养都占有重要的地位（表 1-2）。

表 1-2　2003 年全国养猪规模

规　模（年出栏头数）	场户数	比　例（%）	出栏数（万头）	比　例（%）
1～9	101963901	94.483	34773.06	52.867
10～49	4815474	4.462	12094.52	18.388
50～99	851429	0.789	5899.85	8.970
100～499	249016	0.231	5963.93	9.067
500～2999	33844	0.031	3647.7	5.546
3000～9999	3388	0.0031	1741.97	2.648
10000～49999	911	0.0008	1418.12	2.156
50000 及以上	30	0.00003	235.84	0.359
总　计	107917993	100	65774.99	100

随着农村经济结构及产业发展格局的调整，农村散户饲养的

数量肯定会逐渐减少，农户适度规模养猪在逐步发展，我国在相当长的时间内，农村散户及中小规模饲养这样的养猪生产方式仍将延续(表 1-3)，这是我国养猪生产的基本特点，也是养猪产业化发展必须关注的一个方面。

表 1-3 2003 年我国各地农村养猪场户数 (单位:万)

排 序	省 区	场户数	排 序	省 区	场户数
1	四川	1554.35	17	辽宁	215.71
2	河南	887.03	18	福建	200.89
3	湖南	871.53	19	浙江	160.11
4	河北	726.08	20	甘肃	156.08
5	安徽	606.27	21	吉林	131.10
6	广西	593.81	22	山西	79.95
7	贵州	592.37	23	海南	77.80
8	江苏	590.63	24	黑龙江	69.24
9	云南	567.55	25	宁夏	37.73
10	河北	501.89	26	天津	10.64
11	重庆	480.20	27	北京	3.20
12	江西	349.24	28	西藏	2.88
13	山东	346.98	29	新疆	2.42
14	广东	327.34	30	上海	1.51
15	陕西	278.26	31	青海	1.38
16	内蒙古	220.61			

基于我国农村人口众多，广大农民就业能力相对较低，养猪在农村发展中具有独特的地位和作用，加快农村养猪生产的发展和产业化步伐具有很好的前景。在经济发展总的形势下，我国养猪生产也将得到进一步发展。当前及今后很长的时间里，我国养猪生

产发展的基本特点是:生产将向适度规模发展,养猪生产使用的品种进一步优化,猪肉质量不断提高,猪只健康水平彻底改善,养猪生产的区域结构更加合理。因此,随着经济的发展和社会的进步,散户及中小型规模饲养还有发展的空间,但也面临许多挑战。其中挑战之一就是加快猪种改良速度,尽快提高生猪产品质量,降低养猪生产成本,在这个过程中,引进优秀猪种就是一项基本的措施。

三、我国种猪生产的规模和良种化程度

改革开放以来,为了不断提高我国养猪生产的良种化程度,在各级政府的支持下,各地纷纷建立了许多种猪场,饲养优秀的瘦肉型猪种,开展选育工作,组建三级良种繁育体系,截止到 2003 年底,全国共有各级各类种猪场 3 449 个,饲养可繁殖母猪 100.97 万头,全年出栏各类种猪 625.67 万头,如果以通常母猪存栏 3 年进行计算,那么,3 年合计出栏的种猪近 1 900 万头,相当于全国养猪生产中母猪存栏总量 4 455.1 万头的 43%,如此看来,我国养猪生产的良种化程度还是比较高的。我国种猪生产的区域分布和良种化情况见表 1-4。

表 1-4　2003 年全国种猪场存栏母猪和生产母猪存栏情况

（以种猪场存栏母猪数量为序）

省(区、市)	种猪场母猪存栏(头)	生产母猪存栏(万头)	省(区、市)	种猪场母猪存栏(头)	生产母猪存栏(万头)
广东	186946	146.1	河北	59748	291.1
山东	84971	356.1	河南	56511	433.5
福建	77801	80.4	安徽	55018	158.9
广西	70266	280.5	黑龙江	46754	115.2
江西	67126	85.5	四川	42498	520.0

续表 1-4

省(区、市)	种猪场母猪存栏(头)	生产母猪存栏(万头)	省(区、市)	种猪场母猪存栏(头)	生产母猪存栏(万头)
湖北	33924	151.3	吉林	8705	62.3
江苏	24960	150.5	山西	7878	41.0
北京	24081	22.1	内蒙古	6356	63.1
甘肃	23793	59.1	云南	5839	233.6
浙江	22961	92.7	天津	5348	23.6
重庆	21730	158.6	新疆	2565	54.6
陕西	18151	84.3	宁夏	2081	12.6
上海	15856	19.0	贵州	1928	169.7
湖南	15733	415.4	青海	920	7.6
辽宁	10181	126.5	西藏	37	6.5
海南	9036	35.3			

从表 1-4 可以看出,我国各省、市、自治区的养猪生产在不同程度地使用良种猪。使用良种猪可以提高生产效率,降低生产成本,能够产生更多的利润。如现在使用的优质瘦肉型种猪,通常每窝产仔猪数可达到 10 头或以上,仔猪出生后 3~4 周即可断奶,每头母猪每年能够产仔 2.2~2.4 窝,仔猪出生后 150 日龄左右可以达到 90 千克出栏体重,饲料转化率在 1:2.8 左右,屠宰后的胴体瘦肉率一般都能达到 65%或以上,能够满足市场对优质猪肉的需求,这样的育肥猪在价格上具有很大的优势,养猪者可以有更多的收入。我国广大农村饲养着为数众多的生猪,如果这些猪场(养猪户)的良种化程度得到进一步提高,将会大大促进我国养猪生产的发展。使我国从养猪大国转变为养猪强国。我国的畜牧业是以猪为主体的,养猪业的年度生产总值占整个畜牧业生产总值的

46.58%,国家发展农业的政策有利于养猪业的发展。同时,经济的发展,人民生活的进一步改善,需要更多的肉食品,发展养猪生产,特别是发展优质猪生产具有广阔的市场前景,为此,积极引进良种猪,采用良种猪组织生产是当务之急。

第二章　猪引种的原则和方法

一、供种场家的选择

引进种猪关系到猪场以后的发展。引进生产性能好、健康水平高的种猪,也就是通常所说的好猪,可以为以后的发展打下好基础;反之,可能带来很大的麻烦。因此,需要谨慎选择引种猪场,通常需要注意以下几个方面。

(一)供种场家具备种猪生产经营资质

供种场家应具有相应政府主管部门(通常是畜牧局)核发的种畜禽生产经营许可证,当地兽医卫生监督检验所核发的兽医卫生合格证,当地工商部门核发的营业执照,并且在有效期内。目前的种猪场有的是农业部核发种畜禽生产经营许可证,有的是省级畜牧行政主管部门核发。

(二)供种场家要有足够的规模

有规模的种猪场一般选种育种、饲养管理、兽医防疫等比较规范、技术先进,种猪质量比较可靠,有比较好的技术服务人员,可以提供种猪完整的资料供参考,可以帮助您提高饲养管理水平。因此,引进种猪时,尽可能不要图便宜,到规模很小、不具有生产经营许可证的种猪场购买种猪。

(三)供种场家要有较好的信誉

信誉好的场家可以协助选到理想的种猪,一旦发生纠纷时比较容易解决。在鉴定供种场家的信誉时,对其广告和专家推荐意见要有正确的认识。

1. 关于广告 种猪企业都开展广告宣传以促销,广告基本是讲自己的优点和特点,有的猪照片也不一定来自本场,广告仅有宣传价值,通过广告能够知道什么地方有什么种猪。广告不可不信,但不能仅凭广告购买种猪,如许多广告都有这样的广告词:本场最新从某国引进优秀的猪种。实际上,不一定从国外引进的种猪就一定比国内的种猪更优秀,国内有的场家的种猪也很好,特别是引进时间相对长一些,并且经过较好的选育,种猪的遗传品质和适应性都是非常好的。所以,引进种猪时,一定要对供种场家进行考察,以利做出引种决策。

2. 关于专家推荐 种猪企业一般都聘请技术顾问,顾问基本来自大学或研究院所,由于许多原因,对于专家推荐的意见,也应该是不可不信,但也不可简单相信,多听一听、看一看,特别要听听已引种者对种猪的反映。

二、引进种猪的分类和使用

(一)引进种猪的分类

引进种猪基本分为:单品种种猪或配套系种猪。单品种种猪又分为:纯种猪、二元杂交猪;配套系猪种分为原种(曾祖代)、祖代和父母代。

1. 纯种猪 即纯品种猪。包括地方猪种,如民猪、太湖猪、淮猪等;选育猪种,如三江白猪、湖北白猪、上海白猪、苏太猪等;引进猪种,主要指国外引进的种猪,如长白猪、大白猪、杜洛克猪、皮特兰猪等。

2. 二元杂交猪 主要是用引进猪种的两个纯种猪杂交生产

并选育的种猪,通常是用来生产三元杂交商品猪的母本种猪(也包括某些父本种猪)。目前市场流行的是长大猪,就是长白猪公猪与大白猪母猪的杂交后代;大长猪,是大白猪的公猪与长白猪的母猪的杂交后代。这两个类型的二元杂交母猪,在养猪生产中广泛使用,其生产过程如图 2-1 所示。

长白猪(♂)× 大白猪(♀)　大白猪(♂)× 长白猪(♀)

↓　　　　　　　　　↓

长大猪(♀)　　　　　大长猪(♀)

图 2-1　二元杂交猪生产示意图(母系)

3. 原种(曾祖代)　属于配套系种猪,是配套体系中最上端的种猪,是终端商品猪的"原来的猪种"的意思。在配套系猪的概念中,原种通常被称为专门化品系,并用某些字母或数字表示,这些专门化品系都是育种公司利用现有猪种选育的,从"种"的概念来说,无论怎样的符号或数字,原种仍然是某品种猪或杂交选育的种猪,通常分为父系父本、父系母本,母系父本、母系母本等。纵观国际上现有的配套系猪的原种,基本上都是来源于长白猪、大白猪、杜洛克猪和皮特兰猪四大猪种或其间的杂种。如果有可能,引进这样的猪种加入原来的生产体系中,无论是纯种生产或杂交生产,完全有可能取得很好的效果,但一般的配套系猪公司不情愿这样做,他们要求按照公司的配套方式组织生产。

在配套系猪的体系中,只有原种才可以自群繁殖;原种的另一个用途就是用来生产祖代种猪,是祖代种猪的惟一来源。原种猪群中包括担负这两类任务的种猪。

4. 祖代　属于配套系种猪,仅来源于该配套系的原种,在祖代种猪中,只有某专门化品系单性别的种猪。因此,无法通过祖代种猪复制原种猪或自群更新,需要更新的祖代种猪只能继续从原种猪场引进。在配套系的体系中,祖代种猪仅用来按照固定的模式生产父母代种猪,祖代种猪也是用字母或数字表示。

5. 父母代　属于配套系种猪，仅来源于该配套系的祖代。父母代种猪仅用来生产商品猪，配套系种猪公司通常仅推广这个代次的种猪。

目前国内种猪行业，常把本属于配套系的猪种分类概念运用到纯种猪，把纯种的长白猪、大白猪等称为原种长白猪、祖代长白猪，原种大白猪、祖代大白猪。这样分类的含义通常理解为：原种是用来纯种繁殖的，祖代是用来生产二元杂种猪的。

（二）引进种猪的使用

1. 引进种猪直接用来繁殖扩群，进行种猪生产　当引进种猪做这种用途时，对引进的猪种需要仔细考察，引进的种猪必须有需要的优秀性状，还需要考虑血缘组成等。在这种情况下，引进的种猪数量比较多，对种猪的质量（生产性能水平、健康水平）要求也比较严格。

2. 引进种猪用来改良原有的种猪群的生产性能　国内一些种猪场引种多是这样的目的。在这种情况下，主要是引进种公猪。因此，对种公猪的要求比较严格，生产性能水平、健康水平要好，具有本猪群所没有的优秀性能，特别是具有市场需要的某些性能，如肉质优秀、体质结实、产仔数量多、胴体整齐等。

3. 引进种猪用来开展杂交生产　一是用引进种猪生产二元杂交种猪，这时引进的种猪多是大白猪、长白猪，如前面介绍的杂交模式；二是用引进公猪与本地母猪杂交生产杂交商品猪，这时可以有多种引种选择，但一定要根据当地的实际需要选择种猪。杂交模式如图 2-2 和图 2-3 所示。

引进公猪 × 本地母猪
↓
杂种一代全部育肥

图 2-2 简单杂交示意图

引进公猪 1 × 本地母猪
↓
引进公猪 2 × 杂种后代中优秀母猪
↓
杂种后代全部育肥

图 2-3 简单级进杂交示意图

注:图 2-3 中的引进公猪 1 和引进公猪 2 是国外引进同一品种公猪的不同个体

用引进的纯种瘦肉型种猪进行三元杂交(俗称洋三元)是瘦肉型猪生产中非常流行的杂交方式,如图 2-4 和图 2-5 所示。

长白公猪 × 大白母猪
↓
杜洛克公猪 × 长大母猪
↓
杜长大三元商品猪

图 2-4 三元杂交示意图一

大白公猪 × 长白母猪
↓
杜洛克公猪 × 大长母猪
↓
杜大长三元商品猪

图 2-5 三元杂交示意图二

三、引进种猪的选择

优秀的猪种都是经过严格选育形成的,具有某些特定的性能,适应不同的需求。因此,引进种猪时需要考虑以下因素。

(一)根据市场需求和生产条件选择种猪

1. 目标市场的需求 生产出来的猪(无论种猪或商品猪)都必须面对市场,市场需求什么样的种猪或商品猪,就必须选择相应的品种。否则,生产出来的产品不适应市场需求,不能取得理想的经济效益。通常需要考虑毛色、体型结构、适宜出栏体重、瘦肉率、肉质及市场的偏好等。

2. 当地自然情况和已有的饲养管理条件 自然情况主要指

气候条件。饲养管理情况包括猪舍，特别是产仔舍及保育舍的保温、光照条件、猪场的饲料条件、设备条件和技术管理水平等。上述基本条件简陋、粗放，技术力量比较薄弱，宜饲养适应性比较强的地方猪种、培育品种或经本地品种改良的、瘦肉率在55%～60%的杂种种猪。条件比较好、技术力量比较强，就可饲养国外引进的优秀的、瘦肉率在63%～65%的瘦肉型品种猪。没有足够的技术力量，不要从事任何品种的种猪生产。

3. 经济实力 主要指资金能力及市场能力。资金能力是非常重要的因素。养猪生产周期相对较长，生产中占用的资金量很大，一定要认真算账，还需要具有风险意识和抗风险准备。实力强可以饲养优秀的专门化品种或配套系猪。否则，就只能量力而行，选择不很专业化的品种猪，如地方品种猪或经本地品种改良的多元杂种猪。

（二）根据品种特征特性和生产性能选择种猪

1. 体型外貌选择 体型外貌和生产性能紧密相关，所有的养猪人都关注种猪的体型外貌，但首先应该有一个标准，又不能仅仅以貌取“猪”，所以需要先了解各品种种猪的标准，本书附有某些种猪的标准，可供参考。

在选择体型外貌时首先应该有一个统一、协调整体的理念，不要特别偏于某一方面而过度选择，如特别偏爱后躯（腿臀）发育，就一定要选择后躯特别发达的个体，这样的猪可能仅仅是好看，但不好饲养，繁殖性能也不一定很好，要求的饲养管理条件较高。猪的生产性能发挥需要整个机体的共同作用，结构匀称的体型外貌，如头颈结合好，背腰平直，腹部发育充分但不下垂等，没有突出的缺点（如脐疝或阴囊疝）就很好。

另一个特别重要的就是四肢要健壮结实、端正，在养猪生产中，四肢疾病是种猪淘汰的主要原因，淘汰种猪就会增加成本，为减少不必要的淘汰,需要认真选择种猪的四肢。选择体型外貌时还涉及体重问题,一般销售种猪的适宜体重为50~60千克,不要选择体重很大的种猪,主要是不便于引进后种用体况的培育。体重大的猪一般都比较肥胖,是不适合做种用的,过于肥胖的母猪往往发情不好,甚至不发情,有的即便发情配种了,产仔数量少,产仔后的母猪往往泌乳不好,会加大淘汰率,而且体重大的个体也常常是选种剩下的,性能不一定好。

在选择体型外貌时,常常遇到毛色问题的困惑,毛色遗传比较复杂,在选猪时,若猪群中杂毛比例较大,表明选育程度差一些,引进这样的种猪可能使后代群体中出现更多的杂毛猪,尽管在种猪标准中,允许存在小的黑斑,但还是要仔细选择,引进后还需要跟踪选种。

2. 健康选择 引进种猪的健康状况一定要与本场猪的健康状况相一致,引种时要优先考虑这个问题,否则,仅考虑价格、体型外貌,忽视健康这个关键因素,引种同时把疾病引了回来,则后患无穷。有时,引进的种猪健康水平很高,引进后不适应本场的实际情况,也很难饲养,甚至于死亡。

对健康状况的考察,首先应该考察猪场的兽医卫生制度是否健全,猪场的管理是否井井有条,询问猪场主要疫病的免疫制度;仔细检查备选猪只的健康状况:精神是否活泼,被毛是否光顺,眼、鼻、肛门以及体表等是否清洁,是否有异常,身体各部位是否长有脓肿等病变,通过现场检查,基本可以判定猪只的健康状况;进一步还需要按照规定进行实验室检测,对实验室检测结果,需要请有经验的专业人士结合本场的实际状况进行评价和判断。

3. 生产性能选择 选择优秀的生产性能很重要,在实际购买种猪时,其生产性能还都没有表现出来,虽然有经验的技术人员能够根据体型外貌对生产性能作出初步评估,但更可靠的是根据其父母的性能情况进行选择。这就需要有父母的性能测定结果或生产记录，一般比较正规的种猪场都开展种猪的性能测定，可以通过其父母生产性能的测定成绩对种猪质量进行选择。

引种猪时通常希望引进的种猪各方面都很优秀，实际上很难做到，可以有重点地选择某方面突出优秀的种猪。

在性能选择时还有血统（血缘）数量问题，有的人认为血统越多越好，血统多了才不致发生近交衰退。但实际上不完全是这样，血统越多，猪群的整齐程度越易受到影响。因此，不要担心血缘少了可能引起近交衰退。如果引进的种猪用来生产二元杂交母猪或用来改良原有猪群的性能水平，都不会出现近交衰退的问题，只有在引进的种猪用来建立新的种猪群时，才需要考虑近交衰退的问题。基于目前种猪性能测定和人工授精技术已经比较普及，无论出于哪种目的，选择健康程度高、生产性能优秀的种猪比什么都重要。

关于性能选择问题，需要关心场家或广告等介绍的性能水平是在什么地方（南方、北方），或怎样的饲养管理条件下取得的，许多场家的广告，包括本书介绍的种猪生产性能，都是一个基本概念，或是一个测定数值，种猪引到你那里后，如果饲养条件好（设备、营养、技术、猪群组成等），性能水平得到充分发挥，可以达到甚至超过原场家的水平，否则，就会不同程度地低于原场家的水平。任何优秀性能的发挥，离不开好的饲养管理条件，低水平的饲养条件不能获得优秀的生产性能。

4. 选择种公猪 常言说得好，公猪好，好一坡。可见选择公猪的重要。选择公猪都很挑剔，在生产性能选择合格后，通常选择体型外貌好且性征明显的公猪，如四肢粗壮，体质结实，被毛粗刚，前躯发育突出，性情好动活泼，具有明显的雄相。公猪的睾丸要发育良好，轮廓明显，左右对称；用手触摸时感到有一定的温度，具有活动性，但不能有过多的液体或疼痛感。好多人选公猪时强调睾丸大小必须一致，这是个人的偏好和挑剔，只要不是明显的一侧大另一侧小,就没有什么问题。阴囊皮肤要清洁且不过于下垂,包皮不太大。大白公猪、杜洛克公猪往往包皮较大,要注意选择阴茎在包皮鞘中明显的。

现在有的种猪场销售公猪时,公猪已经达到了配种体重,场方可能对选定公猪已进行过精液质量检查,应向场家索要这些资料。这种公猪价格肯定要高一些,但购买之后就可以使用。

5. 选择种母猪 常言说得好,母猪好,好一窝。母猪在养猪生产中也很重要。在性能选择合格后,主要选择母猪的外貌,通过外貌判定繁殖潜力。通常选择生长发育匀称但不肥胖的母猪,如四肢端正,体质结实,头大小适中,背腰比较宽平,胸部开阔发育好,腹部开阔不紧缩、发育良好但不下垂。母猪乳头发育明显、排列均匀,乳头不少于 6 对,用手触摸乳头有一种弹性感。还须严格选择母猪的外阴部,这不仅仅是母猪生小猪的通道,而且反映母猪繁殖系统的发育情况,母猪的外阴要发育充分,大小适中,不选择外阴干瘪的母猪。

四、引种时的法律法规

引种属于动物购销的商务行为,需要遵循的基本法律法规有:中华人民共和国经济合同法、中华人民共和国动物防疫法、动物检疫管理办法等。引种之前需要仔细阅读,领会其中的内容,依法引种,依法保护自己的合法权益。

(一)按照经济合同法的要求签订种猪购销合同

购买种猪时,须同供种场家签订种猪购销合同。在合同中要写明引种的数量、品种、质量要求(如体重、品种特征)、健康要求(临床或实验室水平)和生产性能水平等,同时要写明价格、货款支付方式、交货时间(时限)、交货方法(运输管理——含运输管理责任)、验收条款、服务条款及特殊情况的处理,还要明确违约责任、违约处理时限乃至解除合同的办法等。签订的合同要尽可能全面地表达买卖双方的意愿,合同内容尽可能详细和可操作。通过合同明确双方的责任,增强双方履约的责任意识,约束双方按规定履行合同,确实满足双方的商务利益。

在签合同时,由于种种情况,特别是种猪供不应求时,常涉及定金问题,经济合同法对定金的规定是:当事人一方(多是买方)可向对方(多是卖方)给付定金,经济合同履行后,定金应当收回,或者抵作价款。给付定金的一方(买方)不履行合同的,无权请求返还定金。接受定金的一方(卖方)不履行合同的,应当双倍返还定金。有时卖方向买方索要定金,当买方同意支付后,如果出现不履行合同情况时,同样适合上述原则。

当买卖种猪时,特别是种猪滞销时,可能出现分期付款或赊销问题,对此问题,双方都要慎重考虑,同样要将付款的方式、时限、数额及违约责任等做严格规定。由于种猪交易的是活的动物,在整个履行合同过程中,存在许多变化,一般不提倡分期付款或赊销。

在经济合同法中,对合同变更和解除、违反经济合同的责任、经济合同纠纷的调解和仲裁等都有详细的法律规定,在引种时要仔细阅读或就有关问题进行咨询。

(二)按照动物防疫法和检疫管理办法的要求,进行种猪检疫并开具检疫证书

国家动物防疫法和动物检疫管理办法规定了家畜饲养以及引种时,对防疫、检疫以及疾病等的管理办法。引种时,应按照防疫法和检疫管理办法,实施检疫并开具检疫证书。检疫也涉及引进猪种的健康责任问题,甚至引起纠纷。引种者可依法保护自己的合法权益。

五、种猪的运输

选好的种猪要及时运输，以便尽快发挥作用。运输种猪的车辆要有足够的面积，运输之前要按规定将车辆彻底消毒，车上最好铺上清洁的垫草或锯末，如果运输的数量很多，运输距离很长，车厢应该分成若干小栏。装车时不要粗暴地踢打种猪，要细心引导猪走上车。根据实际情况，在车上需要搭设遮棚并固定好，启运前一定办好所有的手续：如检疫证、车辆消毒证、非疫区证明等，这些需要事先询问供种场家并得到落实。

运输时主要是路线选择，尽量选择宽敞并远离村庄的道路。运输途中，人尽可能不休息，根据实际情况途中停车检查猪只状况，发现异常及时处理。夏季长途运输主要需注意炎热对猪的影响。

六、引进种猪入场前期的隔离饲养

引进的新种猪，无论曾经做过怎样的检疫（临床、实验室），在入群之前需要进行一段时间的隔离观察饲养，观察新引进的种猪是否有异常表现，甚至再次进行必要的实验室检测。隔离观察猪场须尽可能远离原有猪场，如果引进的种猪数量很多，并在一个新的猪场饲养，只要新猪场进行了彻底消毒，就可以直接在新猪场饲养，不一定再采用上述方法。但同时要承担一旦引进的猪群出现健康问题，则该场就被全部污染的风险；还要注意饲养隔离猪的人员不要与现猪场人员交叉，在此阶段还需要确保饲养条件好一些。

当引进的种猪没有什么问题（健康）时，需要采取一定的办法，使引进的种猪与供种群体猪的健康水平相匹配。常用的办法有两种：一是把原有猪群的老母猪转到新引进猪群中饲养；二是把原有猪场的粪尿放一些到新猪群中，这两种方法的目的是提高新引进种猪的免疫能力，以尽快适应新的猪场条件。隔离饲养阶段结束前，还要根据实际情况确定是否对引进的种猪进一步免疫接种。

当引进的种猪在隔离饲养阶段出现问题时，需要仔细分析出现问题的原因，只有在确认本批猪有自身的问题（注意需要证据）时，才可以与供种场家进行交涉，以得到妥善解决。

第三章　地方猪种

我国地方猪种约有几十个，基本上是在我国各地区相对闭锁的条件下，采用原始技术选育的，适应当时经济（自然经济、小农经济）条件的猪种。

一、地方猪种的基本特点

基于我国各地的实际情况，地方猪种的性能更多是适应当时当地的自然、经济条件，否则就无法存在。这些猪种大都产仔数多（有的产仔数量也不多），适应性能较强，耐粗饲；但出生体重小，生长速度不快，肥育期通常需要 8 个月或更长的时间。因此，出栏率低、出栏体重（屠宰重）小、日增重低、屠宰率低、瘦肉率低、饲料转化率低、母猪年产窝数低。显然这样的特点不可能适应养猪业的产业化发展，也无法满足市场对瘦猪肉日益增长的需求。改革开放以来，我国大量地从国外引进瘦肉型猪种，直接用来生产商品肉猪，或用来与我国的地方猪种杂交生产商品肉猪，所以目前供应我国大中城市的生猪，基本上是国外引进猪种的杂交商品猪。

由于在育种过程中，过度地强调提高瘦肉率，所以市场对目前的猪肉肉质提出异议，一些人又开始考虑饲养地方猪种，以改善肉质，实际上改善肉质的技术有许多，不一定就要恢复到原来自然经济时期的状态，发展养猪生产必须从经济的角度出发选择猪种。

二、地方猪种的分类

地方猪种是在各地选育出来的，通常按地理区域进行分类。

（一）华北类型

华北类型的地方猪种主要有民猪、黄淮海黑猪、里岔黑猪、八眉猪等。

（二）华南类型

华南类型的地方猪种主要有滇南小耳猪、蓝塘猪、陆川猪等。

（三）华中类型

华中类型的地方猪种主要有宁乡猪、金华猪、监利猪、大花白猪等。

（四）江海类型

江海类型的地方猪种主要有著名的太湖猪（梅山、二花脸等的统称）等。

（五）西南类型

西南类型的地方猪种主要有内江猪、荣昌猪等。

（六）高原类型

高原类型的地方猪种主要有藏猪，包括阿坝藏猪、迪庆藏猪和合作藏猪。

需要明确的是，我国地域辽阔，决不仅仅上面介绍的几个地方猪种，各省（区），主要在相对比较偏远地区，饲养着为数较多的地方猪种，但真正用来纯种繁殖生产商品猪的场（户）极少，每一个猪种的饲养范围较小，多半是用地方猪种与国外引进的猪种杂交生产商品肉猪。地方猪种的纯种猪场大多是国家设定的保种猪场。

三、地方猪种的利用

地方猪种纯种生产很难适应产业发展的需要，除国家设立的少数保种猪场，很少单独用来纯种繁殖或直接生产商品猪，多用来与引进的良种瘦肉型品种猪杂交生产商品肉猪，基本的杂交方式包括：简单杂交、级进杂交、三元杂交及多元杂交。

四、主要优秀地方猪种

（一）民　猪

1. 品种形成　民猪原称东北民猪，是起源于东北三省的历史悠久的地方猪种。民猪是我国华北型地方猪种的代表，早期民猪分大、中、小三个类型，至 20 世纪中期，大型和小型民猪几乎绝迹，现存的民猪主要是中型民猪。

民猪具有繁殖性能高、适应性（抗寒、抗病）强、肉质好的特点，以民猪为亲本曾经培育了哈尔滨白猪、吉林黑猪、三江白猪等培育猪种。2001 年民猪被农业部列入国家畜禽品种保护名录。

2. 体型外貌　民猪体型中等大小，全身被毛黑色，有鬃毛，头中等大，面直长，耳大、下垂，体躯扁平下垂，乳头 7 对，背腰狭窄，臀部倾斜，尾粗长，四肢粗壮，冬季密生绒毛（图 3-1，图 3-2）。

3. 生产性能　民猪性成熟早，繁殖力高，初情期 121 日龄，体重70千克左右即可发情配种，受胎率均超过90%。民猪的繁殖利用年限长，平均淘汰年龄4.3周岁，初产猪平均窝产仔12.2头，经产母猪平均窝产仔14.6头，成年公猪平均体重195千克，成年母猪151千克。

肥育期日增重为 458 克，屠宰率 72.5%，体重达 90 千克后，瘦

图 3-1　民猪公猪

图 3-2　民猪母猪

肉率下降。

杂交效果显著,民猪与瘦肉型猪杂交生产的商品猪具有适应性强、肉质好、生长速度快、饲料转化率高、瘦肉率高等优良特性,日增重由 490 克提高到 760 克,饲料转化率由 1∶4.2 提高到 1∶3,瘦肉率由 49%提高到 58%左右。

(二)里岔黑猪

1. 品种形成　里岔黑猪产于山东省青岛胶州(里岔)地区,是当地群众长期择优纯繁,继代选育形成的地方猪种。里岔黑猪适应能力强,耐粗饲,繁殖性能好,与我国其他地方猪种相比,屠宰率及瘦肉率高,肉质鲜嫩,突出的特点是比其他地方猪种多 1~2 个腰椎。据专家考证,里岔黑猪已有 4 000 余年历史,1976 年经专家组定名为"里岔黑猪",2001 年,里岔黑猪被农业部列入国家畜禽品种保护名录。

2. 体型外貌　里岔黑猪全身被毛与皮肤为黑色,极个别的有棕毛,体躯长、胸部浅、胸围比体长小 15 厘米,头中等大小,嘴筒长直,前额有明显的菱形皱纹,耳大、前倾,背腰平直,腹大而不下垂。乳头一般为 7 对,肢蹄结实,后躯稍欠丰满(图 3-3,图 3-4)。

3. 生产性能　初产母猪平均窝产仔8.85头,平均初生重 1.28 千克,60 天断奶体重 18.07 千克,经产母猪平均窝产仔 12 头,平均初生重 1.19 千克,母猪哺乳性能良好。

图 3-3 里岔黑猪公猪

图 3-4 里岔黑猪母猪

在一般饲养情况下,育肥猪 6 个月体重达 90 千克,平均日增重600克左右,饲料转化率1:3.3～3.5,90千克体重育肥猪屠宰率71%,瘦肉率50%以上,膘厚28毫米以下。

以里岔黑猪为基础,导入杜洛克猪血统,培育的里岔黑猪新品系具有繁殖率高、抗病力强、肉质好的优良性能,同时生长发育快、瘦肉率高、饲料转化率高。

以里岔黑猪新品系为母本,与长白猪、大白猪杂交,杂种后代肥育猪日增重 800 克以上,饲料转化率在 1:3 以下。

(三)滇南小耳猪

1. 品种形成 分布在云南的勐腊、瑞丽、盈江等地,包括德宏小耳猪(景颇猪)、傈匕猪、勐腊猪(爱尼猪)、文山猪(阿尼猪),1975年统一定名为滇南小耳猪。

产区大部分地区海拔 800～1 300 米,是云南省主要粮食产区之一。同时产区地形复杂,河流多,水源充足,林地广阔,森林茂密,盛产野生饲料,山场宽广,为滇南小耳猪提供了天然放牧场所,每当牧草果实成熟之际,猪往往早上空腹出牧,晚上饱腹而归,育肥期则用炒玉米或大米喂猪,形成小耳猪沉积脂肪多、肉质嫩等特点。

2. 体型外貌 滇南小耳猪体躯短小,耳竖立或向外横伸,背腰宽广,全身丰满,皮薄,毛稀,被毛以纯黑为主,其次为“六白”和黑白花，还有少量棕色毛，乳头多为5对。

滇南小耳猪按体型可分为大、中、小3种类型。大型猪体型较大，面平直，额宽，耳稍大，多向两侧平伸或直立，颈部短、厚，背腰平直，腹大而不下垂，四肢较粗壮，毛色以全黑为主，间在额心、尾尖或四肢系部以下有白毛。小型猪群众称“细骨猪”、“冬瓜猪”或“油葫芦猪”，体型短小，有“冬瓜身，骡子屁股，麂子蹄”之称，头小，额平无皱纹，耳小直立而灵活，耳宽大于耳长，嘴筒稍长。颈短、肥厚，下有肉垂，背腰多平直，臀部丰圆，大腿肌肉丰满，四肢短细、直立，蹄小、坚实。中型猪体型外貌介于大、小型猪之间(图3-5，图3-6)。

图3-5 滇南小耳猪公猪

图3-6 滇南小耳猪母猪

3. 生产性能 滇南小耳猪性成熟较早，公猪3月龄、母猪4月龄即可配种，小公猪多于配种后阉割肥育。初产母猪平均窝产仔7.7头，60日龄断乳仔猪6头左右；经产母猪平均窝产仔10头左右，60日龄断奶猪7.5头左右。成年大型公猪体重64.2千克，母猪体重76千克；成年小型公猪体重为39.6千克，母猪体重54.3千克。

在一般饲养情况下，300日龄左右达到70千克屠宰体重，育肥期平均日增重360克，饲料转化率1:4.22，屠宰率74%，瘦肉率为31%左右。

山区以放牧为主，多采用“吊架子”方式饲养，饲养期1～2年。

用长白猪或大白猪与滇南小耳猪进行二元或三元杂交，对其生长发育性状有一定的改进。

(四)金 华 猪

1. 品种形成 金华猪原产于浙江省金华地区，当地有腌制猪肉的历史，随着腌制技术不断改进，火腿加工业的不断发展，对猪的体型、特别是腿部肉质，提出了较高的标准，要求猪的体型大小适中，皮薄骨细，肉质细嫩，颜色鲜红，肥瘦适度，这就促使农民对猪种进行定向选育，加之当地历来饲养精细，习惯用大麦、玉米、胡萝卜等优质饲料养猪，并根据农业积肥需要，采取舍饲饲养，久而久之，金华猪逐渐形成皮薄骨细，早熟易肥，肉质优良，适于腌制火腿的优良猪种。20 世纪 60 年代初就建立了金华猪核心群，开展系统选育，1975 年成立了金华猪育种协作组，1979 年起开展了品系繁育工作，使金华猪的生产性能不断提高。

2. 体型外貌 金华猪体型中等偏小，毛色以中间白、两头黑为特征，即头颈和臀尾部为黑皮黑毛，胸腰部白皮白毛，在黑白交界处有黑皮白毛的“晕带”，故又称“两头乌”，但也常有少数猪的背部有黑斑。

金华猪耳中等大小、下垂，额有头纹，颈粗短，背微凹，腹大微下垂，臀较倾斜，四肢细短，蹄坚实呈玉色，乳头多为 7 ~ 8 对，乳房发育良好，乳头结实而有弹性(图 3-7，图 3-8，图 3-9)。

图 3-7 金华猪公猪

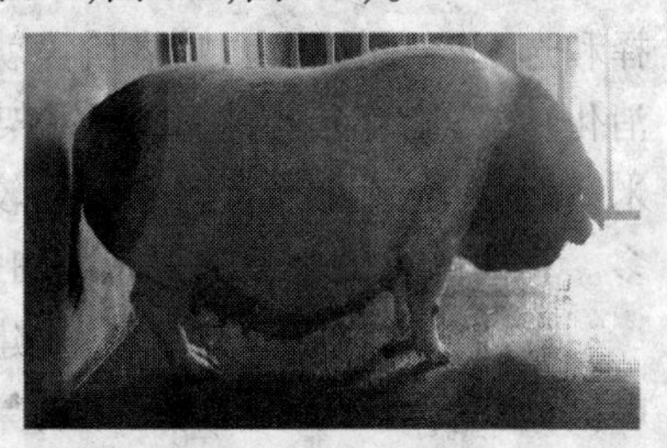

图 3-8 金华猪母猪

金华猪按头型可分寿字头型、老鼠头型和中间型 3 种，现称大、小、中型。中型是目前产区饲养最广的一种类型。

图 3-9 金华种猪场的金华猪

3. **生产性能** 金华猪性成熟早,繁殖力高,经产母猪平均窝产仔 13.8 头,初生重 0.73 千克,2 月龄断奶重 9.5 千克左右,成年公猪体重140千克,成年母猪体重110千克。肥育猪8~9月龄体重63~76千克,屠宰率72%,瘦肉率43.6%,肉质好。著名的金华火腿就是以金华猪为原料生产的。

金华猪与引进的长白猪、大白猪进行二元杂交、三元杂交,对日增重及瘦肉率都有一定改进。

(五)内 江 猪

1. **品种形成** 内江猪产于四川盆地中部沱江流域的内江地区,区域内河渠纵横,浅丘起伏,海拔 400~600 米,气候温和多雨,是四川省富饶的农业区之一。发达的粮食生产,四季常青的青绿饲料及大量的粮油、酿酒等加工副产品,为养猪提供了优越的饲料条件。

该地区农民积累了丰富的选种及饲养管理经验,注意外形选择和选配。在管理上,哺乳阶段就供给大量鲜嫩青绿饲料,锻炼其消化功能;肥育猪历来采用"吊架子"方式饲养,肥育阶段喂以玉米、甘薯、糖渣、细米糠等含糖分较高的饲料,致使胴体中含脂肪较多。长期的舍饲饲养方式和精细管理,使内江猪性情温驯。

内江猪选育工作起步较早,建国后兴办了繁殖群,初步形成了以国营猪场、科研单位为骨干的繁育基地;1973 年,由省、地、县的科研、教学、生产单位组成了内江猪选育协作组,有计划地开展了选育工作。

2. **体型外貌** 内江猪是西南型猪种,体型大,属疏松体质,被毛全黑，鬃毛粗长，头大，嘴筒短，额面横纹深陷成沟，额皮中部隆起成头纹，俗称“盖碗”，耳中等大、下垂，颈长中等，体躯宽深，前躯尤为发达，背腰微凹，腹大、不下垂，臀宽稍后倾，四肢较粗壮、坚实。成年内江猪皮厚，体侧及后腿皮肤有深皱褶，俗称“瓦沟”或“套裤”。母猪乳头粗大，一般6～7对（图3-10，图3-11）。

图3-10 内江猪公猪

图3-11 内江猪母猪

3．生产性能 农村散养的公猪一般5～6月龄、猪场的公猪7～8月龄时初次配种，农村散养公猪利用年限短，一般2岁前即行淘汰，猪场的公猪多利用3～5年。

母猪113（74～166）日龄时初次发情。农村的母猪一般6月龄、猪场的母猪一般8～10月龄时初次配种。母猪利用年限较长，最适繁殖期为2～7岁。内江猪产仔数中等，母猪1～2胎产仔9～10头，3胎及以上可多产1～1.5头。

农村传统以“吊架子”方式饲养肥育猪，出栏猪体重多在150千克左右；肥育时间长达1.5～2年。

在中等营养水平时，断奶至90千克出栏体重需要193天，日增重400克左右；在较好饲料条件下，断奶至90千克出栏体重需要179天，日增重660克。内江猪与引进的瘦肉型猪杂交，一代杂种育肥猪的日增重、饲料转化率有很好的改进。

（六）太湖猪

1．品种形成 太湖猪主要分布于长江下游的江苏省、浙江省和上海市交界的太湖流域，按照体型外貌和性能上的某些差异及母猪繁殖中心和苗猪集散地等，太湖猪可分为若干个地方类群，即二花脸、梅山、枫泾、嘉兴黑等。太湖猪中以梅山猪较大，骨骼较粗壮；二花脸猪、枫泾猪和嘉兴黑猪稍显细致。

2. 体型外貌 太湖猪头大、额宽，额部皱褶多、深，耳特大、软而下垂，耳尖齐或超过嘴角，形似大蒲扇。全身被毛黑色或青灰色，毛稀疏，毛丛密，毛丛间距离大，腹部皮肤多呈紫红色，也有鼻端白色或尾尖白色的。梅山猪的四肢末端为白色，俗称“四白脚”（图 3-12，图 3-13）。

图 3-12 太湖猪（梅山猪）母猪

图 3-13 太湖猪（嘉兴黑猪）公猪

3. 生产性能 太湖猪以繁殖力高著称于世，是全世界已知猪品种中产仔数最高的一个品种。据对产区主要几个育种场1977～1981 年的统计，母猪头胎产仔 12 头左右，二胎 14 头左右，三胎及三胎以上 16 头左右，差异很小。

太湖猪分布范围广，品种内类群结构丰富，有广泛的遗传基础。太湖猪胴体肉色鲜红，肌内脂肪较多，肉质好。惟纯种太湖猪肥育速度不快，胴体瘦肉率不高，使太湖猪的利用受到影响，需要进一步探索更好的选育方案，充分发挥优秀的太湖猪的遗传潜质，使其在商品瘦肉猪生产中更好地发挥作用。

第四章 培育猪种

在地方猪种的利用过程中，为改良地方猪种生产效率不高的性状，曾经通过杂交的方法培育新猪品种，或者利用多年复杂杂交的种群，在确定选育目标的基础上，经过较长时间的系统选育而形成猪种，这些猪种主要有：苏太猪、北京黑猪、三江白猪、上海白猪、湖北白猪等。目前苏太猪、北京黑猪利用得较好，是选育猪种中推广比较多的猪种。

一、苏 太 猪

(一)品种育成

苏太猪是以世界上产仔数最多的太湖猪为基础培育成的中国瘦肉型猪新猪种，不仅保持了太湖猪的高繁殖性能及肉质鲜美、适应性强等优点，而且与引进瘦肉型公猪杂交的杂种后代，具有生长速度快、瘦肉率高、杂种优势显著等特点，是生产瘦肉型商品猪的理想母本。

苏太猪是由苏州市苏太猪育种中心(现苏太集团)育成，1995年通过科技成果鉴定，1999年通过国家畜禽品种审定委员会的新品种审定。苏太猪作为科技成果先后获得国家科技进步二等奖，原国家计委、科委、财政部联合颁发的重大科技成果奖，农业部科技进步一等奖，江苏省农业技术推广一等奖，苏州市科技进步一等奖等多项奖励。

(二)体型外貌

苏太猪全身被毛黑色,耳中等大小、前垂,脸面有浅纹,嘴中等长而直,四肢结实,背腰平直,腹小,后躯丰满,结构匀称,具有明显的瘦肉型猪特征。有效乳头7对以上。少部分猪有玉鼻(鼻端白)(图4-1,图4-2)。

图4-1 苏太猪公猪　　图4-2 苏太猪母猪

(三)生产性能

1. 生长发育　断奶至50千克阶段,日增重570±25.6克,50~90千克阶段日增重710±28.8克。

2. 繁殖性能　经产母猪平均窝产仔14.5±1.06头,产活仔数13.78±0.98头,35日龄断奶体重为7.85±0.56千克。

3. 肥育性能　达90千克日龄为178±3.45天,育肥期的饲料转化率为1:3.11。

4. 胴体品质　胴体瘦肉率为56.1±1.32%,肌内脂肪高达3%,肉色鲜红,肉质鲜美,细嫩多汁,肥瘦适度,适合中国人的烹调习惯和口味。

(四)杂交利用

以苏太猪为母本,与大白公猪或长白公猪杂交生产杂种猪是一个很好的模式(图4-3)。苏太杂种猪的胴体瘦肉率为59%~

60%,达90千克体重日龄为160~165天,25~90千克阶段日增重700~750克,饲料转化率1:2.98。

(五)饲养管理特点

图4-3 大白猪与苏太猪杂交后代

1. 苏太猪的繁殖 公猪7~8月龄,体重80千克以上时可开始配种;母猪在6~7月龄,体重70千克以上时适配。母猪发情周期平均为20.3天,发情持续期3.95天。母猪发情特征为呆立张望,外阴红肿或稍有红肿、湿润,并有稀薄粘液流出,有些母猪还出现食欲减少、爬跨其他猪或跳圈行为或鸣叫的发情征候,当出现按压背部不动,外阴红肿消退时,是配种的最佳时机,配种方式有自然交配与人工授精。

2. 苏太猪的饲养 苏太猪对饲料要求不高,耐粗性能好,可充分利用糠麸、糟渣、藤蔓等农副产品。母猪日粮中粗纤维饲料可高达20%左右,是一个耐受粗饲料的猪种。

苏太猪生长各阶段的推荐饲料营养标准见表4-1。

表4-1 苏太猪生长各阶段饲料营养标准(推荐)

营养成分	体重阶段(千克)				母猪		公猪
	1~10	10~20	20~60	60~90	妊娠	哺乳	
消化能(兆焦/千克)	15.2	13.3	12.97	12.55	11.70	12.50	12.85
粗蛋白质(%)	19.5	17.5	16.0	14.0	12.0	14.0	15.0
赖氨酸(%)	1.30	0.85	0.73	0.62	0.45	0.61	0.52
蛋氨酸+胱氨酸(%)	0.68	0.55	0.38	0.32	0.32	0.45	0.36
钙(%)	0.95	0.70	0.65	0.62	0.61	0.64	0.65
磷(%)	0.65	0.55	0.48	0.42	0.48	0.45	0.47

(六)供种场家

苏州市苏太猪育种中心(苏太集团前身)成立于1984年,是农业部与江苏省及苏州市政府共同投资建设的专门从事苏太猪选育的种猪基地,主导产品有苏太猪、苏太杂交母猪、太湖猪。

二、北京黑猪

(一)品种育成

北京黑猪是原北京农场局下属的双桥农场和北郊农场选育的猪种,这两个农场曾经很长时间饲养过巴克夏猪、中约克夏猪和华北类型的通县、平谷地方猪等品种,建国初期又引进苏联大白猪等,20世纪50年代初,利用这些猪进行杂交,选留优秀个体作为种猪;后来又引进高加索猪等,利用这些猪种进行了广泛的杂交,产生了体型外貌、生产性能差异很大的杂种猪,仅从毛色变异上,就有黑色、白色和黑白花3种。1963年,北京市建立了养猪领导小组,制定了猪的育种方案,明确了育种目标和选育方向,正式开始了以上述杂交猪为基础的双桥黑猪和北郊黑猪的选育工作。1972年,对双桥黑猪和北郊黑猪的育种工作统一计划,并统称为北京黑猪。1976年开始采用系统选育的方法开展北京黑猪的选育,加强其遗传稳定性,收到了良好的效果。1982年12月,经北京市鉴定,定名为北京黑猪新品种。

(二)体型外貌

北京黑猪被毛黑色,体质结实,结构匀称。头大小适中,两耳向前上方直立或平伸,面微凹,额较宽,颈肩接合良好,背腰较平直而宽,腹部发育良好但不下垂,腿臀较丰满,四肢健壮。乳头7对以上，排列均匀，发育充分(图 4-4，图 4-5)。

图 4-4 北京黑猪公猪

图 4-5 北京黑猪母猪

(三)生产性能

1. 生长发育 成年北京黑猪公猪体重近250千克，成年母猪体重 220 千克。育仔结束(70 日龄)至出栏(95 千克)阶段平均日增重 700～750 克。

2. 繁殖性能 初产母猪平均窝产仔10.1头，经产母猪平均窝产仔 11.52 头，4 周龄断奶个体重 7.97 千克。

3. 肥育性能 达95千克出栏重日龄175天，育肥期饲料转化率 1∶2.98。

4. 胴体品质 90千克体重屠宰，胴体瘦肉率 57.28%，腿臀比 31.22%，平均膘厚 22.1 毫米，肉质鲜嫩，肉色及系水力好。

(四)杂交利用

北京黑猪既能适应规模化猪场饲养，又能适应农户小规模饲养。北京黑猪作为母系与引进品种公猪杂交，杂种商品猪育肥期日增重 750 克以上，饲料转化率 1∶2.76，90 千克体重屠宰，胴体瘦肉率 59%以上，肉质鲜嫩，肉色及系水力好。

(五)饲养管理特点

1. 北京黑猪生长各阶段的推荐饲料的营养水平 参见表4-2。

表 4-2　北京黑猪生长各阶段饲料的营养水平(推荐)

营养成分	体重阶段		
	15～30 千克	30～60 千克	60～90 千克
消化能(兆焦/千克)	13.73	13.27	12.98
粗蛋白质(%)	19.90	16.70	15.70
赖氨酸(%)	1.08	0.94	0.83
钙(%)	0.93	0.80	0.70
有效磷(%)	0.62	0.45	0.34
食盐(%)	0.35	0.35	0.35

2. 北京黑猪生长各阶段的推荐饲料配方　参见表4-3。

表 4-3　北京黑猪生长各阶段饲料配方(推荐)　(%)

饲　料	体重阶段		
	15～30 千克	30～60 千克	60～90 千克
玉　米	66	69	68
豆　粕	25	20	16
豆　油	1.5	—	—
麸　皮	2	7	12
鱼　粉	1.5	—	—
添加剂	4	4	4
合　计	100	100	100

(六)供种场家

北京世新华盛牧业科技有限公司是北京黑猪惟一供种场家。

三、三江白猪

(一)品种育成

三江白猪是在东北三江平原地区(又称为北大荒)选育的我国第一个瘦肉型猪种。借鉴加拿大运用杂交选育拉康比新品种猪的经验,选用长白猪与东北民猪进行正、反杂交,从杂交后代中选择优秀的母猪,分别再与长白猪回交,从回交后代中按照选育目标选择留种开展自群繁育,历经5~6世代的横交和选择,到1982年末,核心群种猪的生产性能水平达到了育种指标。1983年,由原农牧渔业部组织专家组进行验收,专家组经过认真审查、鉴定,认为选育的三江白猪符合品种要求,各项生产性能达到了育种指标的要求,宣布三江白猪为育成的肉用型新品种。

三江白猪主要分布在比较寒冷的黑龙江省东部合江地区,该地区冬季最冷时达-30℃左右。三江白猪适应那里的环境条件,表现适应性好的特点。

(二)体型外貌

三江白猪被毛全白、毛丛稍密,头轻,嘴直,耳下垂,背腰宽平,腿臀丰满,四肢粗壮,蹄质坚实,乳头通常7对、排列整齐(图4-6,图4-7)。

(三)生产性能

成年三江白猪公猪体重近200千克,成年母猪体重近140千克。初产母猪平均窝产仔10.2头,经产母猪平均窝产仔12.4头,育肥期平均日增重666克,饲料转化率1:3.51。90千克体重屠宰,背膘厚32.5毫米,眼肌面积近30平方厘米,胴体瘦肉率

图 4-6　三江白猪母猪

图 4-7　三江白猪公猪

58.64%,肉质好。

四、上海白猪

(一)品种育成

上海白猪是在上海市近郊选育的猪种。鸦片战争后,帝国主义列强相继入侵上海,外侨带进来一些白色的猪种,以后又相继带进各种不同毛色的猪种,随着外侨和海员来沪,对白毛猪猪肉的需求急剧增长,于是白色杂种猪数量迅速扩大。日本侵略者入侵上海后,又输入了体型较小的白色立耳猪。抗战胜利后,又从美国输入大约克夏猪。由于上述许多外国猪种与当地原来饲养的地方猪种进行了长期无计划的复杂杂交,至中华人民共和国成立前夕,已形成相当数量的白毛杂种猪群,为猪的育种工作奠定了基础。1958～1959 年,在上海市畜禽品种资源联合调查后,将产仔较多和生长较快的白色杂种猪群定名为上海白猪。自 1961 年起,原上海县种畜场、宝山县种畜场和上海市畜牧研究所分别从群众饲养的猪群中选购优秀种猪组建基础群,正式开始上海白猪的培育工作,采用了猪群闭锁,品系繁育等技术,从而促使猪群性状的一致和遗传的稳定,生产性能得到提高,1978 年经市级鉴定,宣布上海白猪育成。

(二)体型外貌

上海白猪被毛白色,体质结实,体型中等偏大,头面平直或微凹,耳中等大、略向前倾,背宽,腹稍大,腿臀较丰满,乳头细,平均乳头7对(图4-8)。

(三)生产性能

图4-8 上海白猪母猪

上海白猪成年公猪体重258千克,成年母猪体重177千克。初产母猪平均窝产仔9.43头,经产母猪平均窝产仔12.93头,20~90千克阶段平均日增重615克。90千克体重屠宰,屠宰率70.55%,背膘厚36.9毫米,皮厚3.1毫米,瘦肉率52.49%。

五、湖北白猪

(一)品种育成

湖北白猪是在湖北省武昌、汉口一带选育的猪种。为了适应国内市场,主要是香港市场对瘦肉型猪需要的不断增长,自1978年起,开始培育瘦肉率较高、肉质好、生长快、饲料报酬高、适应湖北地区高温和湿冷的环境条件并具有较好繁殖力的新品种。据杂交试验的结果,确定用长白公猪与地方通城母猪杂交,得到一代杂种母猪,再用大白公猪杂交,得到“大长通”杂种公母猪,选择其中的优秀杂种后代进行横交,组成Ⅰ,Ⅱ,Ⅲ系品系群,用群体继代选育方法进行系统选育,于1986年育成。

(二)体型外貌

湖北白猪被毛白色(允许眼角周围有暗斑),耳向前倾或下垂,中躯较长,腿臀丰满,肢蹄结实,有效乳头6对以上。

(三)生产性能

湖北白猪成年公猪体重230千克,成年母猪体重200千克。初产母猪平均窝产仔10头,经产母猪平均窝产仔12.28头,育肥期日增重607克。90千克体重屠宰,屠宰率67.69%,背膘厚33.5毫米,瘦肉率55.18%。

图4-9 杜湖杂种一代肥育猪群

(四)杂交利用

湖北白猪是开展杂交利用的优良母本。以湖北白猪为母本与杜洛克猪杂交,杂交优势明显,杜×湖杂种一代肥育猪20~90千克阶段日增重650~750千克,饲料转化率1∶3.1~3.3,胴体瘦肉率62%以上(图4-9)。

第五章　引进的纯品种猪种

引进的瘦肉型猪种主要包括纯种长白猪、大白猪、杜洛克猪、皮特兰猪和配套系猪种，这些猪种的生产性能优秀，是当今世界养猪生产中普遍使用的猪种，饲养这样的猪种需要良好、无公害的饲养管理条件，一般认为"洋种猪比地方猪种娇气"，对饲养条件和饲料的要求比较高，不耐粗放饲养，这些猪种已经成为养猪产业化发展的主导猪种。

一、长 白 猪

（一）概　况

长白猪又称为兰德瑞斯猪，原产于丹麦。目前世界上养猪业发达的国家均有饲养，是世界上最著名、分布最广的主导瘦肉型猪种之一，是养猪生产不可或缺的优秀猪种。

由于长白猪在世界的分布广泛，各国或地区根据各自的需要开展选育，在总体保留长白猪特点的同时，又各具一定特色，我国通常就按照引种地，分别将其冠名为××系长白猪，如丹系长白猪、法系长白猪、瑞系长白猪、美系长白猪、加（加拿大）系长白猪、台系长白猪等。其实这种命名法也不尽科学，尽管来自同一国家或地区，但是来自不同育种公司（场）的长白猪，在体型外貌、生产性能方面各具特点和差别，不能一概而论。因此，在引进猪种时，不仅关注种猪来自什么国家或地区，还要了解来自什么公司或场家，如果无法了解，应对种猪进行现场考察。

20 世纪 60 年代，我国首先从瑞典引进了长白猪，之后又陆续从荷兰、法国等国引进长白猪，从 20 世纪 80 年代开始，我国每年几乎都有不同的场家从丹麦引进长白猪。

为了实施种猪的标准化管理，农业部组织了由专家、企业家等组成的长白猪种猪标准起草小组，在广泛征求意见的基础上，提出了我国长白猪种猪质量评定（销售）的标准。标准的具体指标如下。

1. 体型外貌 长白猪体躯长，被毛白色，允许偶有少量暗黑斑点；头小，颈轻，鼻嘴狭长，耳较大、向前倾或下垂；背腰平直，后躯发达，腿臀丰满，整体呈前轻后重，外观清秀美观，体质结实，四肢坚实。

2. 生产性能

（1）繁殖性能 母猪初情期 170～200 日龄，适宜配种的日龄 230～250 天，体重 120 千克以上。母猪总产仔数，初产 9 头以上，经产 10 头以上；21 日龄窝重，初产 40 千克以上，经产 45 千克以上。

（2）生长发育 达 100 千克体重日龄 180 天以下，饲料转化率 1:2.8 以下，100 千克体重时，活体背膘厚 15 毫米以下，眼肌面积 30 平方厘米以上。

（3）胴体品质 100 千克体重屠宰时，屠宰率 72% 以上，背膘厚 18 毫米以下，眼肌面积 35 平方厘米以上，后腿比例 32% 以上，瘦肉率 62% 以上。肉质优良，无灰白、柔软、渗水、暗黑、干硬等劣质肉。

3. 种用价值 体型外貌符合本品种外貌特征。外生殖器发育正常，无遗传疾患和损征，有效乳头 6 对以上，排列整齐。种猪个体或双亲经过性能测定，主要经济性状，即总产仔数、达 100 千克体重日龄、100 千克体重活体背膘厚的 EBV 值（估计育种值）资料齐全。种猪来源及血缘清楚，档案系谱记录齐全。健康状况良好。

4. 种猪出场要求 符合种用价值的要求,有种猪合格证。耳号清楚可辨,档案准确齐全,质量鉴定人员签字。按照国家要求出具检疫证书。

我国养猪生产表明,不仅纯种长白猪生产性能优秀,当用来与其他猪种杂交时,也有良好的性能表现,可以有效地提高后代的产仔数,降低背膘厚度。在现代养猪生产中,长白猪是任何杂交组合中不可缺少的猪种,无论哪一个配套系也离不开长白猪。

在引进猪种中,长白猪是优秀的母本猪种,也可以用作父本猪种与地方猪种杂交,以提高生产性能,生产商品肉猪。

20 世纪 70 年代起,我国许多省、市、自治区开展了瘦肉型猪种的选育,在这个过程中,各地几乎都是选用长白猪与我国的地方猪种进行多种形式的杂交。由于长白猪瘦肉率高,而且能有效提高杂种后代的瘦肉率,所以通过不同形式的杂交后,都可以出现选育目标的理想后代,再通过育种过程达到选育中国本土瘦肉型猪的目的,如当时选育的三江白猪、湖北白猪等,都含有长白猪的血缘。

长白猪是在丹麦的饲养管理条件下培育的,在地理上属于北欧,气候条件与我国有不同程度的差异,丹麦养猪生产的饲料资源条件、饲养技术条件、生产设备条件、市场需求(消费者意愿)方向等,都在不同程度上与我国具有一定差别。因此,我国的养猪者通常感到长白猪四肢不够粗壮,对饲养管理条件和设备条件等的要求较高,对不够精细的饲养管理条件不适应,比较“娇气”。但应该辩证地看长白猪,优秀的猪种就是需要较好的条件,不仅饲养长白猪,就是饲养其他优秀猪种,同样需要一定的条件。

(二)丹系长白猪

1. 特点 丹系长白种猪全身被毛白色,耳长大、前倾,覆盖面部。嘴直而较长,头清秀,胸部不够开阔,体躯长(图 5-1,图 5-2)。

图 5-1　丹系长白猪公猪

图 5-2　丹系长白猪母猪

生长速度快，产仔数高是丹系长白猪最大特点，通常窝产活仔12～13头，甚至更多；腿臀部肌肉发达，生产性能优良，育肥期日增重通常在1 000克甚至以上，达100千克体重日龄140天左右，背膘厚通常10～12毫米，胴体瘦肉率65%左右。

2. 供种场家　丹系长白猪引进我国时间较长，分布广泛，供种场家比较多，如天津市宁河原种猪场等。

天津市宁河原种猪场建于1978年，是我国北方规模较大的纯种猪场，多次从丹麦等养猪发达的国家引进长白猪等优秀种猪。该场1993年被农业部确定为"国家级重点种畜禽场"，2000年通过了ISO 9001国际质量管理体系认证，是农业部等八部委确定的国家农业产业化重点龙头企业，是中国畜牧业协会猪业分会副会长单位，生产的"天河"牌种猪在业内享有很高的声誉。中国畜牧业协会理事单位大连础明集团、广州力智农业有限公司全部饲养丹系长白猪等种猪，其他丹系长白猪供种猪场情况见附录。

3. 饲养管理特点

(1)后备公猪的饲养管理　后备公猪一般在5～6月龄就开始有性行为表现，体重80千克左右就需要实行单圈饲养，100千克左右开始调教采精，到8～9月龄、体重120～140千克时开始配种，到1.5岁、体重180千克以上时是最佳配种年龄。

(2)种公猪的饲养管理

①种公猪的营养和饲养　饲养公猪需要用营养价值高的饲

料，每千克饲料中含消化能12.9兆焦，粗蛋白质17%，赖氨酸7.9克，蛋氨酸2.6克，苏氨酸6克，蛋氨酸+胱氨酸6克，钙15克，磷10克，食盐10克，还要供给足够的维生素，配种期间维生素A 4 100单位，维生素D 230单位，维生素E 11毫克。

公猪的饲料要新鲜、适口性好，体积不宜过大，成年公猪日饲喂量2.5～3千克，冬季和配种期适当增加15%～20%，后备公猪日饲喂量2～2.5千克，日喂2次。还要确保公猪有足够的、清洁凉爽的饮水。

②种公猪的使用和管理　每半个月或1个月需检查1次公猪精液质量，特殊情况下，可随时检查或跟踪检查，若发现精液质量有问题，必须及时采取补救措施，及时调换配种公猪。

夏天炎热，猪舍的温度增高，公猪的精液质量容易受到影响，必须采用防暑降温和通风等各种方法降低舍温，以确保公猪精液品质，通常控制在25℃以下；当舍温达到28℃时种公猪性欲减退，30℃以上时精子活力就会降低。在冬季，舍温不得低于15℃，以保持公猪健康和精液质量。种公猪每天刷拭1～2次为好，可以保持体表健康以及人、猪亲和，便于管理。

(3)后备母猪的饲养管理　后备母猪饲养管理的关键是发情检查和适时配种。后备母猪大约6月龄时开始有发情表现，当8月龄、体重达135～140千克时就可以配种，生产实践中，通常于第二至第三个发情期配种最适宜。

①后备母猪的营养与饲养　需要较高的营养水平，通常保持7～8成膘。每千克饲料中含消化能12.6兆焦，粗蛋白质15.5%，赖氨酸6.9克，蛋氨酸2.4克，苏氨酸5.4克，蛋氨酸+胱氨酸5.5克，钙15克，磷10克，食盐15克。日饲喂量2～2.5千克，配种前15天实行“优饲”，日饲喂3～3.5千克。

②后备母猪的管理　为促使后备母猪发情排卵，最好是5～6头/栏分群饲养，要保证有一定的活动面积，每天可以安排与公猪

接触1～2次，每次20分钟左右。后备母猪在90千克之前自由采食，以后根据实际情况进行限饲，以保持种用体况。炎热的夏季，要安排好防暑降温。

(4)保育猪的饲养管理　关键是预防腹泻，提高成活率和保育结束的体重，为此需要做好以下几个方面的饲养管理工作。

①保育舍及温度控制　保育舍使用之前，必须对猪舍和猪栏认真清扫和消毒，确保清洁卫生。还要确保保育舍圈面平整坚实，否则容易造成肢蹄磨伤。断奶仔猪转入保育舍时，尽可能保持原圈转入，如需要调整时，可按体重、日龄、性别、强弱分群，有利于仔猪均衡的生长发育。饲养密度要适宜，一般每头猪要有0.4～0.5平方米的生活空间。断奶的弱小仔猪可以单独放在一个圈内饲养，饲喂湿料，并在湿料中加入适量的代母乳。保育舍温暖、清洁、干燥和空气新鲜非常关键，必须按断奶日龄调整舍内温度，以利于其生长发育。断奶仔猪舍温度要求为：第一周27℃，第二周26℃，第三周25℃，第四周23℃，第五周21℃。温度控制是管理断奶仔猪的第一要素，规定的猪舍温度是指与猪体处于同一水平位置的温度。仔猪断奶后，如果温度低，湿度大，空气质量不好，很容易患腹泻等各种疾病。

②营养与饲料　当体重达到25千克左右时，尽快转群到大圈栏饲养，改用地面饲养，避免猪只的生长发育受到影响，转群时最好是原圈栏的猪仍在一起。

饲喂营养全面的高品质配合饲料，保证生长发育所需的各种营养。每千克饲料中含消化能12.6兆焦，粗蛋白质17%，赖氨酸9.5克，钙7.6克，磷5.5克，食盐3克。在断奶后最初的3～5天，为减少断奶应激，应在饮水中添加一些复合维生素制剂等。断奶后第一周，尤其应该注意饲料质量，猪一生中，这个阶段的饲料质量应是最好的。

饲料要有一个过渡，断奶仔猪转入保育舍后，继续延用乳猪的料，达到 10～12 千克体重时，开始饲喂保育仔猪料。过渡的方法是将保育仔猪料与乳猪料按 1∶2→1∶1→2∶1 比例混合饲喂，每个阶段 1～2 天。

断奶仔猪应该自由采食，饲槽结构要合理，特别是饲槽的后缘不要太高（避免影响小猪吃料）或太低（以免浪费饲料），不能一次在饲槽里加太多的饲料，以防变质或浪费，每天临下班时，需要再添加一次饲料，供小猪晚间食用。

(5)防疫保健　每天定时观察猪群，发现病猪及时隔离，进行单独饲养管理和治疗，对那些没有治疗价值的猪应尽快淘汰。

根据当地疫病的流行情况，妥善安排免疫接种，以预防疫病的发生。为减少猪群的应激，在保育阶段尽可能减少免疫次数。

全进全出转群之后，要彻底清理卫生和消毒，准备下次再用。

4. 丹系长白猪生长各阶段的推荐饲料配方　见表5-1。

表 5-1　丹系长白猪生长各阶段的饲料配方（推荐）（%）

饲　料	保　育	生长(1)	生长(2)	肥育(1)	肥育(2)	妊　娠	哺　乳
玉　米	59.75	62.5	63.2	65.2	64.4	63.35	65.5
豆　粕	30.8	23.8	26.6	21.8	19.4	14	18
小麦麸		5	6	8.5	12.6	18	5
鱼　粉	3	3	—	—	—		5
豆　油	2.5	2	—	1	—	—	2.5
磷酸氢钙	1.4	1.2	1.3	0.7	0.5	1.8	1.35
贝壳粉	1.2	1.1	1.5	1.4	1.7	1.5	1.3
食　盐	0.35	0.4	0.4	0.4	0.4	0.35	0.35
1%预混料	1	1	1	1	1	1	1
合　计	100	100	100	100	100	100	100

(三)法系长白猪

1. 特点 法系长白猪是20世纪90年代后期引进我国的猪种，与丹系长白猪相比，突出特点是体型宽大，结实(图 5-3，图 5-4)。

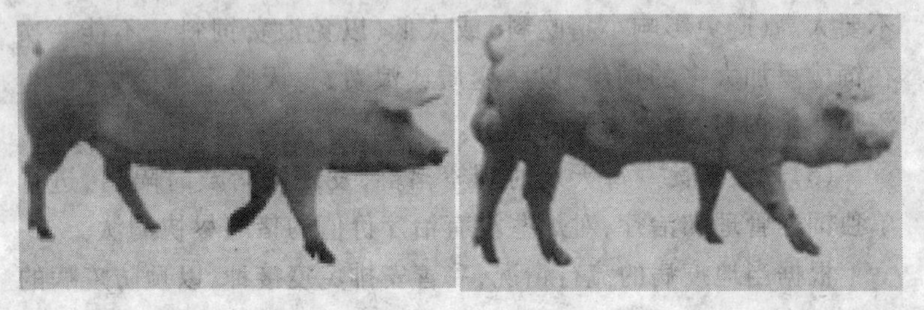

图 5-3 法系长白猪母猪 **图 5-4 法系长白猪公猪**

2. 供种场家 引进法系猪的场家主要有北京养猪育种中心、广东温氏食品集团有限公司和北京华都种猪繁育有限责任公司等。

北京养猪育种中心建于 1991 年，是我国北方规模较大的种猪育种基地，多次从法国等国家引进长白猪等优秀猪种。该中心种猪品质优秀，技术、设备先进，1993 年被农业部确定为“国家级重点种畜禽场”，2000 年通过了ISO 9001国际质量管理体系认证，是中国畜牧业协会猪业分会会长单位，生产的“中育”牌种猪在国内享有很高的声誉。

广东温氏食品集团有限公司创建于 1983 年，是一个以养鸡业、养猪业、奶牛业为主导的多元化经营的现代大型企业集团。2000 年公司被农业部等八部委确定为农业产业化国家重点龙头企业，是中国畜牧业协会猪业分会副会长单位，集团有限公司下属的广东华农温氏畜牧股份有限公司是以种猪育种和肉猪生产为主的专业化公司，种猪品质优秀，技术、设备先进。

北京华都种猪繁育有限责任公司 1999 年 3 月从法国直接引进种猪并建立了种猪公司，公司所属的华都集团于 2002 年被农业部等八部委确定为农业产业化国家重点龙头企业，是中国畜牧业协会猪业分会副会长单位，公司2000年通过ISO 9002国际质量管理体系认证，公司生产的“华都”牌种猪市场范围广，在业内享有很高的声誉。

其他法系长白猪供种场家情况见附录。

3. 饲养管理特点 参见丹系长白猪饲养管理特点。

4. 法系长白猪生长各阶段的推荐饲料配方 见表5-2。

表5-2 法系长白猪生长各阶段的饲料配方(推荐) (%)

饲 料	仔 猪		中 猪	大 猪
	前期	后期	(30～60千克)	(60千克至出栏)
玉 米	64	68	71	71
麸 皮	—	—	3	7
豆 粕	19	20.5	20	18
膨化大豆	8	5	—	—
进口鱼粉	2.5	1.5	1	—
威力能	1.5	1	1	—
油 脂	1	—	—	—
4%预混料	4	4	4	4
合 计	100	100	100	100

(四)瑞系长白猪

1. 特点 瑞系长白猪是20世纪90年代后期引进我国的猪种，与其他长白猪相比，突出特点是体型宽大、四肢结实粗壮，母猪繁殖性能好(图5-5，图5-6)。

2. 供种场家 石家庄牧工商开发有限公司所属原种猪场又称清凉山原种猪场，是目前国内直接从瑞典引进并仅饲养瑞系猪

图 5-5 瑞系长白猪公猪

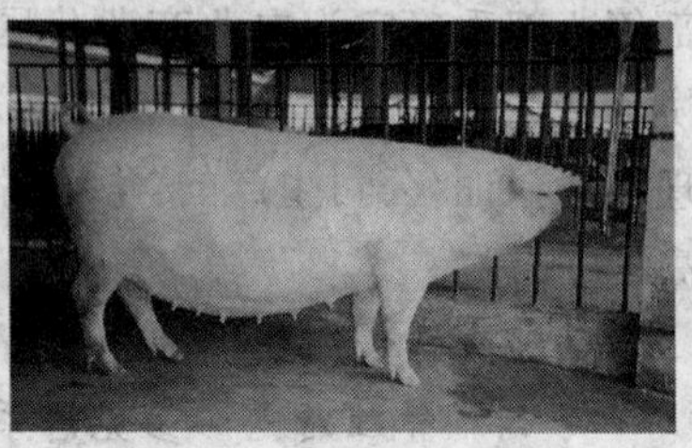

图 5-6 瑞系长白猪母猪

的原种猪场，是实施农业部"引进国际先进农业科学技术计划"项目建设的原种猪场，猪场位于河北省石家庄市郊区的清凉山脚下。石家庄原种猪场设备齐全，建有配套的兽医化验室和饲料营养分析实验室为养猪生产服务，猪场2003年通过ISO 9001国际质量管理体系认证，同年被石家庄市政府确定为养猪产业化龙头企业。该场的上级单位——石家庄牧工商开发有限公司是中国畜牧业协会猪业分会理事单位。

生产经营瑞系种猪的场家还有广东瑞昌食品进出口有限公司、厦门国寿种猪开发有限公司等。

3. 饲养管理特点 参见丹系长白猪饲养管理特点。

瑞系长白母猪妊娠期饲喂量见表 5-3。

表 5-3 瑞系长白猪母猪妊娠期饲喂量 （千克/天）

妊娠期	1 胎	2～3 胎	4 胎以上
0～5 周	2.0	2.3	2.5
5～12 周	2.5	2.8	3.0
12～16 周	3.0	3.4	3.5

4. 瑞系长白猪生长各阶段的推荐饲料配方 见表5-4。

表 5-4　瑞系长白猪生长各阶段的饲料配方(推荐)　(%)

饲　料	仔　猪	体重小于 60 千克	体重大于 60 千克	妊娠母猪	哺乳母猪	公　猪
玉　米	63	63	65	55	62.5	62
豆　饼	26	24	22	15	23	18
麸　皮	3	5.5	4	25	5	13.5
鱼　粉	3	2	4	1	4	1.5
植物油	1	1.5	1	—	1.5	1
预混料	4	4	4	4	4	4
合　计	100	100	100	100	100	100

(五)美系长白猪

1. 特点　美系长白猪突出特点是体质结实,肢蹄粗壮,体型高大,发育充分(图 5-7)。

2. 供种场家　国内有多家美系长白猪饲养场家。

图 5-7　美系长白猪公猪

湖北省原种猪场是由湖北省畜牧局直接投资兴建的纯种猪场,是中国畜牧业协会猪业分会常务理事单位。该场 2001 年和 2002 年两次直接从美国无特异性疾病(SPF)的猪场引进美系长白猪等种猪,是目前国内仅饲养美系长白猪的纯种猪场,猪场设备齐全,建有配套的兽医化验室和人工授精站,该场种猪的注册商标为“晒湖”。生产经营美系长白猪的场家还有上海祥欣畜禽有限公司等,该公司是上海市最大的种猪基地,是中国畜牧业协会猪业分会理事单位,其种猪的注册商标为“祥欣”。

国内其他美系长白猪供种猪场情况见附录。

3. 饲养管理特点 参见丹系长白猪饲养管理特点。

4. 美系长白猪生长各阶段和哺乳母猪的推荐饲料配方 见表5-5,表5-6。

表 5-5 美系长白猪生长各阶段的饲料配方一(推荐) (%)

饲　料	生长发育阶段			配种公猪	妊娠母猪
	7~15 千克	15~45 千克	45 千克以上		
玉　米	58	63	63	62	66.5
豆　粕	22	21	21	15	7.5
鱼　粉	4	4	4	2	3
小麦麸	7	8	8	17	19
乳清粉	5	—	—	—	—
预混料	4	4	4	4	4
合　计	100	100	100	100	100

表 5-6 美系长白猪哺乳母猪的饲料配方二(推荐) (%)

饲　料	哺乳母猪 初产(暑期)	哺乳母猪 初产(非暑期)	哺乳母猪 经产(暑期)	哺乳母猪 经产(非暑期)
玉　米	57	57.5	62	65.5
豆　粕	14.5	15.5	18	16.5
鱼　粉	4	2	2	2
小麦麸	16.5	19	12	12
豆　油	4	2	2	—
预混料	4	4	4	4
合　计	100	100	100	100

(六)加系长白猪

1. 特点 加系长白猪的突出特点是体型结构匀称结实,比较容易适应一般的饲养条件(图 5-8,图 5-9)。

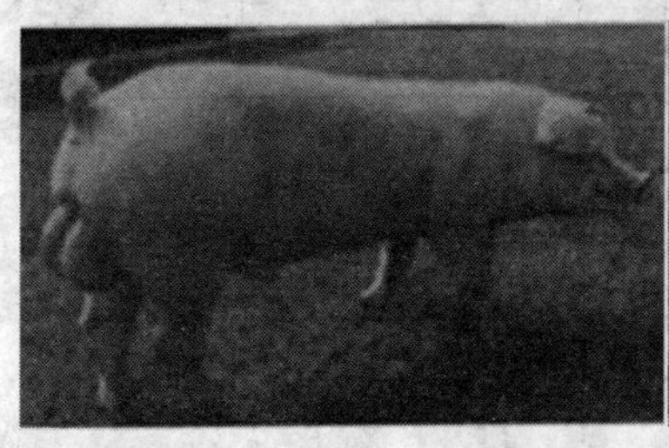

图 5-8 加系长白猪公猪

图 5-9 加系长白猪母猪

2. 供种场家 国内有多家加系长白猪饲养场家。在实施中国—加拿大瘦肉型猪项目中,1995 年从加拿大引进了较多的加系长白等品种猪,分布在全国三个项目执行猪场,分别是大北农集团下属的唐山大北农猪育种科技有限公司(中国畜牧业协会猪业分会副会长单位,前身是河北省玉田种猪场)、浙江加华种猪有限公司(中国畜牧业协会猪业分会常务理事单位)和四川省内江市种猪场(中国畜牧业协会猪业分会理事单位)。之后全国许多种猪场都先后引进加系长白猪等种猪进行繁殖选育,详见附录。

3. 饲养管理特点 参见丹系长白猪饲养管理特点。

4. 加系长白猪生长各阶段的推荐饲料配方 见表5-7。

表 5-7 加系长白猪生长各阶段的饲料配方(推荐) (%)

饲 料	生长猪 25~50 千克	肥猪 50~90 千克	妊娠 母猪	哺乳 母猪	后备猪
玉 米	72	70	65	62	65
麸 皮	—	10	13	5	10
去皮豆粕	22	16	16	13	21

续表 5-7

饲　料	生长猪 25~50千克	肥猪 50~90千克	妊娠母猪	哺乳母猪	后备猪
膨化大豆	—	—	—	10	—
鱼　粉	—	—	—	4	—
脱霉素	2	—	2	2	2
预混料	4	4	4	4	4
合　计	100	100	100	100	100

（七）台系长白猪

1. 特点　突出的特点是体长，腹部发育充分、良好，后躯宽阔丰满，骨骼发育充分，肌肉发达，四肢粗壮结实，行走稳健。台系长白公猪睾丸大而饱满，精液采集量多。母猪乳腺丰满发达，奶头大、排列匀称，哺乳母猪食欲好（图 5-10）。

图 5-10　台系长白猪母猪

2. 供种场家　国内有多家台系长白猪饲养场家。

江西东乡良友畜牧有限公司是其中的一个现代大型工厂化种猪企业，位于江西省东乡县。该场 1988 年由江西省粮油食品进出口公司与地方政府合资建设的面向外贸出口的良种猪生产基地，为适应国际市场对出口猪的需求，多次从美国、丹麦及台湾引进优秀长白种猪、大白种猪以及杜洛克种猪，目前以台系种猪为主。该公司是中国畜牧业协会猪业分会常务理事单位。该公司种猪的注册商标为“良育”，生产的种猪除供应本省外贸供港猪场外，已推广到全国 20 多个省（区）。

其他台系长白猪供种猪场情况见附录。

3. 饲养管理特点 参见丹系长白猪饲养管理特点。

4. 台系长白猪生长各阶段的推荐饲料配方 参见表5-8。

表 5-8 台系长白猪生长各阶段的饲料配方(推荐) (%)

饲 料	断奶至 30 千克	30～60 千克	60 千克至出栏
玉 米	63	66	66
豆 粕	26	26	25
麦 麸	3	3	4
豆 油	1.5	—	—
鱼 粉	2.5	1	1
预混料	4	4	4
合 计	100	100	100

二、大白猪

(一)概 况

大白猪又称为大约克夏猪，原产于英国。由于大白猪体型大、繁殖能力强、饲料转化率高、屠宰率高、适应性强，世界各养猪业发达的国家均有饲养，是世界上最著名、分布最广的主导瘦肉型猪种之一。由于大白猪在世界的分布广泛，各国、各地区根据各自的需要展开选育，在总体保留大白猪特点的同时，又各具一定特色，国内也通常依其产地称为某系大白猪，如英系大白猪、法系大白猪、瑞系大白猪、美系大白猪、加(加拿大)系大白猪等。国内一些人熟知的苏联大白猪，就是前苏联对大约克夏猪进行长期风土驯化选育的优秀猪种，在20世纪50～60年代引入我国，曾对我国养猪业的发展起到过非常积极的作用。

近年从加拿大等国引进的大白猪中，有的种猪背肌及后躯肌肉非常发达，国内有双肌臀大白猪的称呼。

由于配套系猪技术的运用，大白猪又分化为父系及母系两个类型。前者突出健美的外貌和产肉性能，后者突出母系特征，窝均总产仔数较高，但这两种类型也可互相转变，通过系统的选育就可以达到目的。

大白猪生产性能优秀，用来与其他几乎任何猪种杂交时，无论是作为父本还是母本（如大长、长大）都有良好的性能表现。在引进猪种的三元杂交组合中，大白猪也可以作为终端父本；大白猪与地方猪杂交应用较多，纯种大白猪与纯种黑毛色地方猪杂交，由于一代杂交后代的毛色是白色而受到欢迎。在引进猪种中，大白猪被称为"万能猪种"。

为了实施种猪的标准化管理，农业部组织了由专家、企业家等组成的种猪标准起草小组，在广泛征求意见的基础上，对大白猪的标准提出以下意见，并建议将该意见作为我国大白猪种猪质量评定（销售）的标准。标准的具体指标如下。

1. 体型外貌　全身皮毛白色，允许偶有少量暗黑斑点，头大小适中，鼻面直或微凹，耳竖立，背腰平直。肢蹄健壮、前胛宽、背阔、后躯丰满，呈长方形体型等特点。

2. 生产性能

(1)繁殖性能　母猪初情期165～195日龄，适宜配种日龄220～240天，体重120千克以上。母猪总产仔数，初产9头以上，经产10头以上；21日龄窝重，初产40千克以上，经产45千克以上。

(2)生长发育　达100千克体重日龄180天以下，饲料转化率

1:2.8以下。100千克体重时,活体背膘厚15毫米以下,眼肌面积30平方厘米以上。

(3)胴体品质　100千克体重屠宰时,屠宰率70%以上,背膘厚18毫米以下,眼肌面积30平方厘米以上,后腿比例32%以上,瘦肉率62%以上。肉质优良,无灰白、柔软、渗水、暗黑、干硬等劣质肉。

3.种用价值　体型外貌符合本品种外貌特征。外生殖器发育正常,无遗传疾患和损征,有效乳头6对以上,排列整齐。种猪个体或双亲经过性能测定,主要经济性状,即总产仔数、达100千克体重日龄、100千克体重活体背膘厚的EBV值资料齐全。种猪来源及血缘清楚,档案系谱记录齐全。健康状况良好。

4.种猪出场要求　符合种用价值的要求。有种猪合格证,耳号清楚可辨,档案准确齐全,质量鉴定人员签字。按照国家要求出具检疫证书。

(二)英系大白猪

1.特点　英系大白猪是引进我国时间很长、引进数量很多和广泛使用的瘦肉型猪种。英系大白猪全身被毛白色,耳大小适中、直立,嘴平直,面部平或稍凹,头中等大小,背腰平直,腹部发育良好但不下垂,腿臀部肌肉发达,四肢粗壮结实、结构匀称,体型较大。

英系大白猪的父系有比较好的瘦肉型外貌,肌肉发达,四肢强健,在体重50~70千克甚至90千克阶段,具有明显的"背沟"和突出的腿臀,在一段时间里,甚至目前也有许多养猪人喜欢这样的体型,常用来改良原有猪群的瘦肉型体型。

英系大白猪公猪包皮不大,睾丸发育充分,性欲旺盛。母猪乳头、外阴发育良好,发情明显,平均窝产仔10.57头,肥育期日增重达到1 195克,饲料转化率1:2.28。达100千克出栏体重日龄150天,活体膘厚9.33毫米,胴体瘦肉率64.5%,肉质好,无不良肉现象(图 5-11,图 5-12)。

图 5-11　英系大白猪公猪

图 5-12　英系大白猪母猪

2. 供种场家　英系大白猪在我国很多猪场都有饲养,国内一些大型纯种猪企业基于原产地原则,在建立丹系长白猪群、美系杜洛克猪群基础上,建立有英系大白猪群,如前面介绍的北京养猪育种中心、天津市宁河原种猪场,还有山东省日照原种猪场以及总参兵种部天津农场原种猪场等,后两个种猪场分别是中国畜牧业协会猪业分会副会长单位和理事单位。其中总参兵种部天津农场原种猪场仅仅饲养英国父系大白猪,该场按照现代养猪生产工艺于1996年5月建立,猪场生产区具有良好的隔离条件,直接接受从英国进口的优秀的父系大白种猪,并进行系统选育,建立了群体整齐、质量稳定、基因纯合的种群,生产的种猪已推广到全国多个省(区)。

其他英系大白猪供种场家情况见附录。

3. 饲养管理特点　参考长白猪饲养管理特点。

4. 英系大白猪生长各阶段的推荐饲料配方　见表5-9。

表 5-9　英系大白猪生长各阶段的饲料配方(推荐)　(%)

饲　料	保育	生长肥育				妊娠母猪	哺乳母猪
		生长(1)	生长(2)	肥育(1)	肥育(2)		
玉　米	59.75	62.5	63.2	65.2	64.4	63.35	65.5
豆　粕	30.8	23.8	26.6	21.8	19.4	14	18

续表 5-9

饲料	保育	生长肥育				妊娠母猪	哺乳母猪
		生长(1)	生长(2)	肥育(1)	肥育 2		
小麦麸	—	5	6	8.5	12.6	18	5
鱼粉	3	3	—	—	—	—	5
豆油	2.5	2	—	1	—	—	2.5
磷酸氢钙	1.4	1.2	1.3	0.7	0.5	1.8	1.35
贝壳粉	1.2	1.1	1.5	1.4	1.7	1.5	1.3
食盐	0.35	0.4	0.4	0.4	0.4	0.35	0.35
1%预混料	1	1	1	1	1	1	1
合计	100	100	100	100	100	100	100

(三)法系大白猪

1. 特点 法系大白猪的突出特点是大体型瘦肉型猪种，母猪繁殖性能好，发情明显，产仔数高(图 5-13，图 5-14)。

图 5-13 法系大白猪公猪　　图 5-14 法系大白猪母猪

2. 供种场家 参见法系长白猪供种场家。

3. 饲养管理特点 参照法系长白猪饲养管理特点。

(四)瑞系大白猪

1. 特点 瑞系大白猪的突出特点是大体型的瘦肉型猪种,肌肉发达,四肢高、直、粗壮有力,体质结实(图5-15,图5-16)。

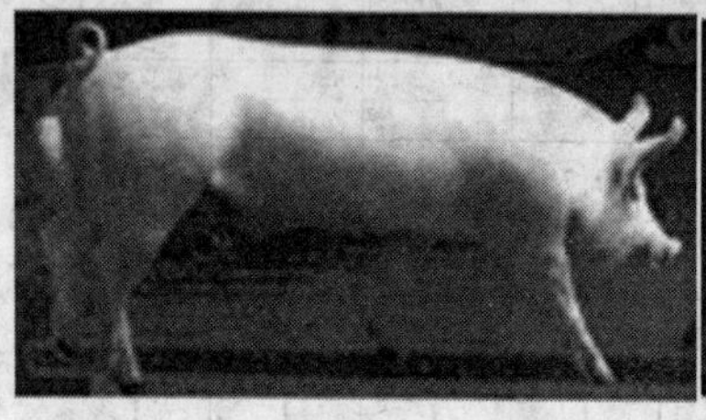

图5-15 瑞系大白猪公猪

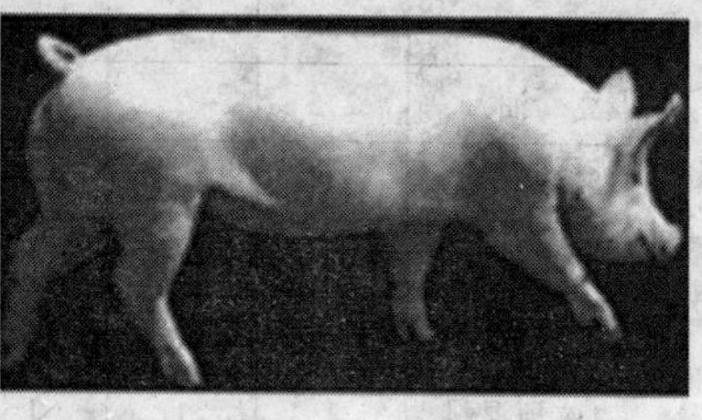

图5-16 瑞系大白猪母猪

2. 供种场家 瑞系大白猪供种场家主要有石家庄原种猪场(在瑞系长白猪供种单位中已作介绍)和广东瑞昌食品进出口公司等。广东瑞昌食品进出口公司同是瑞系大白猪的供种场家,该公司主要生产经营优质种猪、出口商品猪等的综合性企业,是广东省政府确定的重点农业龙头企业,是中国畜牧业协会猪业分会的理事单位。公司1999年从瑞典进口大白猪原种猪,经精心选育改良,具有良好的繁殖力、满意的肉质和较强的适应性,通常在瘦肉型猪种中的应激敏感基因被净化。

3. 饲养管理特点 参照瑞系长白猪饲养管理特点。

(五)美系大白猪

1. 特点 美系大白猪的突出特点是体型大,食欲旺盛,粗壮结实(图5-17,图5-18)。

2. 供种场家 国内引进和饲养美系长白猪的场家很多,供种单位主要有湖北省原种猪场和湖南天心牧业有限公司等。湖南天心牧业有限公司的原种猪直接从国外进口,公司已经于2002年通过ISO 9001质量管理体系认证。该公司是中南地区最大的原种猪

图 5-17 美系大白猪公猪

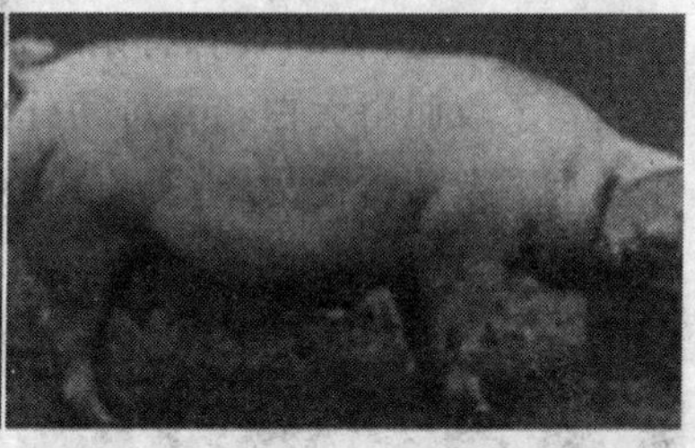

图 5-18 美系大白猪母猪

场之一，是湖南省高新技术企业和农业产业化龙头企业，是中国畜牧业协会猪业分会理事单位。

湖北省原种猪场在美系长白猪供种单位中已作介绍。

3. 饲养管理特点 参照美系长白猪饲养管理特点。

4. 美系大白猪生长各阶段的推荐饲料配方 见表5-10。

表 5-10 美系大白猪生长各阶段的饲料配方(推荐) (%)

饲 料	体重阶段(千克)				公猪	妊娠母猪	哺乳母猪
	7～15	15～30	30～60	60～100			
玉 米	66	66	69	69	63	65	64
豆 粕	25	24	22	20	24	13	20
麦 麸	—	2	3	5	3	18	10
植物油	2	2	2	2	2	—	2
预混料	4	4	4	4	4	4	4
鱼 粉	3	—	—	—	4	—	—
合 计	100	100	100	100	100	100	100

(六)加系大白猪

1. 特点 加系大白猪在我国饲养数量较多。加系大白猪的突出特点是适应性好，比较便于饲养管理。如前所述，前些年引进的加系大白猪,有的具有特别丰满的背肌和腿臀,被称为双肌臀,并成立了双肌臀大白猪育种协作组。但对所谓双肌臀种猪的整体性能水平及遗传能力,业界有不尽一致的看法(图 5-19,图 5-20)。

图 5-19　加系大白猪公猪

图 5-20　加系大白猪母猪

2. 供种场家　参见加系长白猪供种场家。

3. 饲养管理特点　参照加系长白猪饲养管理特点。

三、杜洛克猪

(一)概　况

杜洛克猪原产于美国东北部。杜洛克猪在世界养猪业发达的国家均有饲养,是世界上最著名、分布最广的主导瘦肉型猪种之一。通常都用作生产商品肉猪的杂交父本,称为黄金终端公猪,杜长大、杜大长中的“杜”指的就是杜洛克猪。与其他品种公猪相比,杜洛克猪体质粗壮结实,有杜洛克猪血缘的商品猪没有应激和肉质问题,对改善瘦肉型猪的肉质具有不可替代的作用。杜洛克猪与有色(黑、花)的猪杂交后代中通常会出现红毛色或花豹毛色(黑白、红白)后代,这应引起注意。由于杜洛克猪在世界广泛分布,各国或地区根据各自的需要展开选育,在总体保留杜洛克猪特点的同时,又各具一定特色,国内通常就称其为某系杜洛克猪,如美系杜洛克猪、加(加拿大)系杜洛克猪及台系杜洛克猪等。在瘦肉型猪生产实践中，有一些场家比较偏爱杜洛克猪与后面介绍的皮特兰猪杂交，用一代正反杂种公猪做终端父本，也有的配套系猪的父母代种猪来源于这两个猪种的杂种后代。

杜洛克猪生产性能优秀，主要表现在生长速度快、胴体瘦肉率及饲料转化率高。杜洛克猪作为父系猪种，产仔数一般不高。

为了实施种猪的标准化管理，农业部组织了由专家、企业家等组成的杜洛克猪种猪标准起草小组，在广泛征求意见的基础上，提出了我国杜洛克猪种猪质量评定(销售)的标准。标准的具体指标概述如下。

1. 体型外貌 杜洛克猪全身被毛棕色，允许体侧或腹下有少量小暗斑点。头中等大小，嘴短直，耳中等大小、略向前倾，背腰平直，腹线平直，体躯较宽，肌肉丰满，后躯发达，四肢粗壮结实。

2. 生产性能

(1)繁殖性能 母猪初情期 170～200 日龄，适宜配种日龄 220～240 天，体重 120 千克以上。母猪总产仔数，初产 8 头以上，经产 9 头以上；21 日龄窝重，初产 35 千克以上，经产 40 千克以上。

(2)生长发育 达 100 千克体重的日龄 180 天以下，饲料转化率 1:2.8 以下。100 千克体重时，活体背膘厚 15 毫米以下，眼肌面积 30 平方厘米以上。

(3)胴体品质 100 千克体重屠宰时，屠宰率 70% 以上，背膘厚 18 毫米以下，眼肌面积 33 平方厘米以上，后腿比例 32%，瘦肉率 62% 以上。肉质优良，无灰白、柔软、渗水、暗黑、干硬等劣质肉。

3. 种用价值 体型外貌符合本品种外貌特征。外生殖器发育正常，无遗传疾患和损征，有效乳头 5 对以上、排列整齐。种猪个体或双亲经过性能测定，主要经济性状，即总产仔数、达 100 千克体重日龄、100 千克体重活体背膘厚的 EBV 值资料齐全。种猪来源及血缘清楚，档案系谱记录齐全。健康状况良好。

4. 种猪出场要求 符合种用价值的要求。有种猪合格证，耳号清楚可辨，档案准确齐全，质量鉴定人员签字。按照国家要求出具检疫证书。

(二)美系杜洛克猪

1. 特点 美系杜洛克猪全身被毛为棕红色，俗称红毛猪，但毛色有一定差别，从金黄色到深棕红色，个别猪出现卷毛或在体侧、腹下有少量小黑斑点，耳中等大小、半垂半立，嘴短直，外表粗壮结实，体躯较宽，背腰平直，后躯发达，肌肉丰满，四肢粗壮结实。成年公猪雄性强，睾丸大，配种能力强。母猪乳头数量不多(个别的例外)，发育不甚均匀，经过系统选育后的母猪乳头发育好，排列均匀。外阴部发育好。

美系杜洛克成年母猪窝产仔 8 ~ 9 头，仔猪初生重 1.5 ~ 1.7 千克，4 周龄断奶个体重 7.5 ~ 8 千克，育肥期(50 ~ 90 千克体重阶段)日增重 850 ~ 1 000 克，达 100 千克体重日龄 145 ~ 150 天，饲料转化率 1∶2.38。100 千克体重屠宰率 73% ~ 76%，背膘厚 12 ~ 15 毫米，眼肌面积 50 ~ 55 平方厘米，胴体瘦肉率 64% ~ 66%(图 5-21，图 5-22)。

图 5-21 美系杜洛克猪公猪

图 5-22 美系杜洛克猪母猪

2. 供种场家 美系杜洛克猪在国内有许多场家饲养。主要供种单位有广东深圳市农牧实业有限公司的潼湖原种猪场和安徽省畜禽品种改良站种猪场等。

深圳市农牧实业有限公司的潼湖原种猪场饲养美系杜洛克等三大种猪。该公司是以猪为主的综合型农业企业，2002 年被农业部等国家八部委确定为农业产业化国家重点龙头企业，是中国畜牧业协会猪业分会副会长单位。

安徽省畜禽品种改良站所属的种猪场，是国内惟一专门饲养美系杜洛克猪的场家，是中国畜牧业协会猪业分会理事单位，前述美系杜洛克猪生产性能水平的资料来自该场。

其他美系杜洛克猪供种场家情况见附录。

3. 饲养管理特点

(1)种公猪的饲养管理　合理地饲养公猪，特别需要满足对蛋白质、矿物质、维生素的需要，有利于保持健壮结实的种用体况、活泼的神态和旺盛的性欲。种公猪进行运动有助于增强性欲和提高受胎率，通常可以上、下午各运动 1 次，每次约半个小时，成年杜洛克公猪每日步行 3 000 米为正常。

公猪要合理利用，成年公猪配种间隔天数以 3 天为宜，间隔时间太短(次数太多)或间隔时间太长(1 周以上)都影响精液质量。

(2)母猪的饲养管理

①空怀母猪的发情检查及配种　每天上、下午各进行发情检查 1 次，对发情不明显的母猪需要用公猪试情。具体方法是：先用性欲良好的种公猪沿母猪舍自由行走一遍，看母猪是否与之接近或有其他发情表现，每次试情 10 分钟左右。母猪压背时有呆立不动的表现时就可配种。

②妊娠母猪的饲养管理　主要是饲喂量的控制。妊娠 1～8 周，日喂料量 2.5 千克；妊娠 8～12 周，日喂料量增加 0.25 千克；妊娠 12～16 周，日喂料量酌情增减，产前 1 周日喂料量维持在 3 千克左右。控制饲喂量还需根据母猪膘情适当增减，以保持妊娠母猪中等偏上的膘情。

③临产母猪的饲养管理　根据膘情，母猪产前 3～7 天适当减

料，特别是偏肥的母猪，否则产后食欲不振，无乳或乳汁不足。应该根据预产期，细心观察临产母猪的表现，提前 2～3 天将母猪转到产房饲养，防止漏护。为提高仔猪成活率，需要人工护理母猪产仔，及时处理母猪难产、新生仔猪假死等情况。母猪产仔食欲较差时，可以少喂些饲料。

④哺乳母猪的饲养管理　饲养哺乳母猪的原则是尽可能使其吃更多的饲料，以增加泌乳。为此需要保证饲料新鲜、饲料配方稳定，轻易不要调换饲料，包括预混料也不要调换。母猪在哺乳期得到良好的饲养，不仅可以使断奶仔猪体重大、均匀，同时也有利于保持合理的膘情，为断奶后发情、配种、再次妊娠奠定基础，这个阶段是饲养母猪的关键时期。

(3)哺乳仔猪的培育　一是产房要温暖、干燥和空气清新，通常采用仔猪电热保温箱为初生仔猪保温；二是保证补料的质量，要清洁、新鲜，发现补料槽脏污时，应及时清理并更换新料；三是仔细检查哺乳仔猪是否正常吃奶，是否下痢，发现问题及时处理。

(4)断奶仔猪的饲养管理　仔猪断奶后要减少不良环境应激，防止贼风，要注意保温。具体要求见丹系长白猪相应内容。仔猪转入保育舍的第一周继续饲喂哺乳仔猪料，1 周后逐渐过渡为断奶仔猪料，体况差的断奶仔猪，可适当延长饲喂哺乳仔猪料的时间，确保饲料新鲜和自由采食。

4. 美系杜洛克猪生长各阶段的推荐饲料配方　参见表5-11。

表 5-11　美系杜洛克猪生长各阶段的饲料配方(推荐)（%）

饲　料	体重阶段(千克)				公　猪	妊娠母猪	哺乳母猪
	7～15	15～30	30～60	60 以上			
玉　米	62.5	58.27	63.91	68.05	67	51	62.5
豆　粕	12.5	22.75	19.59	15.7	10	18	20

续表 5-11

饲料	体重阶段(千克)				公猪	妊娠母猪	哺乳母猪
	7~15	15~30	30~60	60 以上			
膨化大豆粉	—	4.79	—	—	—	—	—
大豆油	—	—	—	—	—	2	—
麦麸	—	—	2.68	3.47	20	25	10
次粉	—	10	10	10	—	—	—
鱼粉	—	1.16	1.14	—	—	—	2.5
石粉	—	1.03	0.68	0.78	1	—	—
预混料	25※	2	2	2	2	4	5
合计	100	100	100	100	100	100	100

※浓缩米

(三)加系杜洛克猪

1. 特点 与美系杜洛克猪相差不大。窝产仔 8~9 头,育肥期日增重 950~960 克,达 95 千克体重日龄在 140 天左右,饲料转化率1∶2.23。背膘厚 12~13 毫米,胴体瘦肉率 64%~66%,近1~2 年引进的加系杜洛克种猪的肉质更好些(图 5-23,图 5-24)。

图 5-23 加系杜洛克猪公猪

图 5-24 加系杜洛克猪母猪

2. 供种场家 主要供种场家有广西农垦永新种猪改良有限公司和其他饲养经营加系种猪的场家。

广西农垦永新种猪改良有限责任公司是生产经营加系杜洛克猪的公司。该公司是按照现代化养猪生产工艺新建起来的规模大、标准高、技术和设备先进的种猪场，饲养的杜洛克等种猪直接从加拿大无特异性疾病(SPF)场家进口，生长速度快，饲料转化率高，肉质好。该公司是中国畜牧业协会猪业分会副会长单位，其种猪品牌是"永新源"。

其他供种场家见附录。

3. 饲养管理特点 参见美系杜洛克猪饲养管理特点。

(四)台系杜洛克猪

1. 特点 台系杜洛克猪与其他系杜洛克猪相比，腿臀丰满、肌肉结实，具良好的瘦肉型体型，这是台系杜洛克猪的一大特点(图 5-25)。

图 5-25 台系杜洛克猪公猪

2. 供种场家 台系杜洛克猪是台湾养猪业者在福建省厦门、广东省东莞等南方地区兴办种猪场后，引进、饲养台系种猪并广为推广的优秀种猪。主要供种单位有福建省厦门国寿种猪开发有限公司等。

厦门国寿种猪开发有限公司于 1998 年在福建省厦门市建场，按照流水线生产方式组织现代养猪生产，1999 年组建了种猪核心群，经多年精心选育，形成性能优秀、独具特色的台系种猪，在业界有良好的信誉，是中国畜牧业协会猪业分会常务理事单位。

其他台系杜洛克供种场家见附录。

3. 饲养管理特点 参见美系杜洛克猪饲养管理特点。

4. 台系杜洛克猪营养标准 见表5-12。

表 5-12 台系杜洛克猪的营养标准

营养成分	仔　猪	生长猪	肥育猪	妊娠/公猪	哺乳猪
消化能(兆焦/千克)	13.23	14.7	13.692	13.44	13.23
粗蛋白质(%)	20	18	16.8	15.2	16.5
赖氨酸(%)	1.3	1.0	0.9	0.6	0.8
蛋氨酸+胱氨酸(%)	0.8	0.6	0.6	0.4	0.6
钙(%)	0.92	0.87	0.82	0.91	0.91
总磷(%)	0.81	0.71	0.65	0.74	0.74
食盐(%)	0.3	0.3	0.3	0.4	0.4
铁(毫克/千克)	170	90	90	90	90
锰(毫克/千克)	60	50	50	50	50
铜(毫克/千克)	200	15	15	15	15
锌(毫克/千克)	130	110	110	110	110
碘(毫克/千克)	0.5	0.3	0.3	0.3	0.3
硒(毫克/千克)	0.4	0.3	0.3	0.3	0.3

5. 台系杜洛克猪的推荐日采食量 见表5-13。

表 5-13 台系杜洛克猪的日采食量(推荐) (千克)

成年公猪	成年母猪				后备猪
	妊娠前期	妊娠中期	妊娠后期	哺乳期	
2~2.5	1.8~2	2~2.5	3~3.5	3+0.25×a	2~2.5

注：a为哺乳仔猪数量

四、皮特兰猪

(一)概　况

皮特兰猪是20世纪70年代开始在欧洲推广的肉用型新品

种,本品种于1919~1920年开始在比利时用多种杂交的方法选育而成,1955年才被公认。

(二)特　点

皮特兰猪是目前世界上瘦肉率最高的猪种,但由于该猪种固有的某些缺点,主要分布在欧洲一些养猪国家或地区。近年来,我国一些种猪场,为迎合市场对特别高瘦肉率猪种的需求而引进该猪种,有的来源于比利时,多数来源于法国。在引进的配套系猪种中,也有的专门化品系来源于皮特兰猪,或是与皮特兰猪多种形式的杂交猪。

(三)外貌及生产性能

皮特兰猪被毛灰白色或黑白色,耳中等大小、稍前倾,嘴短直,体躯较宽,背腰平直,后躯特别发达,极端个体的后躯似球形,体宽而短,骨细、四肢短,肌肉特别发达(图5-26)。

图5-26　皮特兰猪公猪

皮特兰猪背膘薄,100千克体重活体膘厚9.7毫米,胴体瘦肉率高达66.9%~70%,但肌肉纤维较粗。经产母猪平均窝产仔猪10头,育肥阶段平均日增重700克,饲料转化率1:2.65,90千克以后生长速度不快。皮特兰猪的主要缺点是应激反应较突出和肉质较差,四肢也不够粗壮,饲养管理条件要求较高。

(四)皮特兰猪的利用

皮特兰猪能在杂交中显著提高杂交后代的瘦肉率,在生产实践中,通常用皮特兰猪或皮特兰猪与杜洛克正反杂交一代公猪皮杜或杜皮作为父本，与长大或大长等母系猪杂交生产商品代肉猪以提高瘦肉率，可以取得很好的效果，故被称为优秀的终端公猪。但如果一个地区的市场对肉质很挑剔，建议还是要慎重选用该猪种进行杂交生产。由于该猪种四肢不够粗壮，宜采用人工授精。

(五)供种场家

目前国内没有专门饲养皮特兰猪的种猪场，在一些饲养法国猪的种猪场，都数量不等地饲养皮特兰猪，其中可以提供皮特兰种猪的场家见附录。

第六章　具有我国企业品牌的引进纯品种猪种

我国一些大型种猪企业，利用国外引进的猪种资源，选育了具有本企业品牌的种猪。

一、桑梓湖种猪

产于湖北省畜牧良种场，该场是国家重点种畜禽场、中国畜牧业协会猪业分会会长单位，位于湖北省荆州桑梓湖。该场自建场以来，先后多次从美国、加拿大、法国、英国、丹麦、荷兰等国引进杜洛克、长白、大约克夏纯种猪，种猪性能优秀，血缘丰富，适应性好，利用这些资源，经多年选育，形成本场桑梓湖种猪，主要包括桑梓湖长白猪、桑梓湖大白猪和桑梓湖杜洛克猪三大品种。

（一）桑梓湖长白猪

1. 特征　桑梓湖长白猪体长，四肢结实，发育匀称，母猪繁殖性能好。

图 6-1　桑梓湖长白猪母猪

2. 体型外貌　体躯长，被毛白色，头小，颈轻，鼻颊狭长，两耳前倾下垂，背腰平直或微弓，腹线平直，后躯发达，腿臀丰满，整体呈前轻后重，外观清秀美观，体质结实，外生殖器发育正常，有效乳头 6 对以上、排列均匀整齐（图 6-1）。

3. 生产性能 窝产仔11～12头，达100千克体重日龄145～155天，30～100千克阶段日增重900～1 000克，饲料转化率1:2.25。胴体瘦肉率69.05%。

(二)桑梓湖大白猪

1. 特征 桑梓湖大白猪增重快，繁殖力高，背腰宽长，肢蹄健壮，适应性强。

2. 体型外貌 全身被毛白色，头小适中，鼻面直或微凹，耳竖立，背腰和腹部平直，四肢健壮，体质结实，外生殖器发育正常，有效乳头6对以上、排列均匀整齐(图6-2)。

3. 生产性能 窝均产仔10.5～12头，达100千克体重日龄160天左右，30～100千克阶段日增重800～900克，饲料转化率1∶2.35。胴体瘦肉率67.51%。

图6-2 桑梓湖大白猪公猪

(三)桑梓湖杜洛克猪

1. 特征 桑梓湖杜洛克猪具有优良的父系特征，体长，胸部及背腰宽平，腿臀发达。

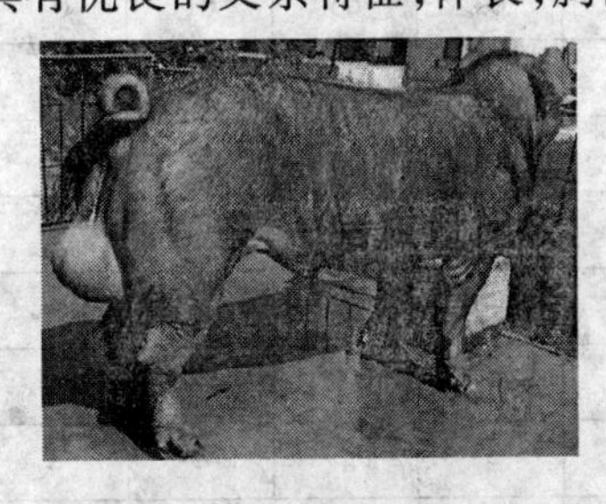

图6-3 桑梓湖杜洛克猪公猪

2. 体型外貌 全身被毛黄色或棕红色不一，体侧或腹下偶见小暗斑点，头小，嘴短直，耳中等大、略向前倾，耳根较硬，耳尖稍下垂，背腰平直或微弓，腹线平直或上收。体躯较宽，肌肉丰满，后躯发达，四肢粗壮结实，蹄直立，性情温驯，外生殖器发育正常，有效乳头6对以上、排列均匀整齐(图6-3)。

3. 生产性能 窝均产仔8～9头，达100千克体重日龄150～160天，30～100千克阶段日增重850～920克，饲料转化率1∶2.3，胴体瘦肉率68.93%，肉质好。

（四）供种场家

湖北省畜牧良种场是桑梓湖种猪的惟一生产场家。该场的技术力量雄厚，生产设备先进，在专家的精心指导下，采用包括生物技术在内的先进技术，对引进的优秀种猪开展系统的选育，形成桑梓湖种猪，这些种猪多次在国家种猪性能检测中心的检测中名列前茅，是该场的品牌产品，全国20多个省、市、自治区均有引进，受到普遍欢迎。

（五）推荐饲料配方

桑梓湖种猪生长各阶段的推荐饲料配方见表6-1。

表6-1 桑梓湖种猪生长各阶段的饲料配方（推荐） （%）

饲　料	乳猪 7～15千克	小猪 15～40千克		中猪 40～70千克		大猪 70千克至出栏	
		夏天	冬天	夏天	冬天	后备猪	肥育猪
玉　米	57	62	63	64	63	61	63
麸　皮	—	3	4	6	9	11	17
豆　粕	27	27	28	24	24	24	16
进口鱼粉	5	2	1	1	—	—	—
乳清粉	5	—	—	—	—	—	—
植物油	2	2	—	1	—	—	—
预混料	4	4	4	4	4	4	4
合　计	100	100	100	100	100	100	100

二、龙骏种猪

产于广东省中山食品进出口有限公司白石猪场。该场利用1991～2001年从美国、加拿大、英国、丹麦等国引进的优秀种猪资源，经多年选育，形成本场龙骏种猪，主要包括龙骏长白猪、龙骏大白猪和龙骏杜洛克猪三大品种。经国家种猪测定中心(广州)测定和现场鉴定，生产性能水平均超过品种性能标准规定的指标。白石猪场是中国畜牧业协会猪业分会副会长单位。

(一)龙骏长白猪

1. 特征 龙骏长白猪体躯高大，肌肉丰满，四肢强健，母性好，繁殖性能高，生长速度快，瘦肉率高，适应能力强。

2. 体型外貌 全身被毛全白而富有光泽，耳大向前倾，头肩较轻，体躯长，后躯肌肉丰满，背腰平直，乳头通常8对(图6-4)。

3. 生产性能 窝产仔猪10～13头，仔猪3周断奶体重5.3～6.5千克，断奶至50千克阶段日增重650～750克，50～100千克阶段日增重750～950克，达100千克体重日龄145～155天，饲料转化率1:2.42。屠宰率73%～75%，背膘厚15～16毫米，胴体瘦肉率66.24%。

图6-4 龙骏长白猪母猪

(二)龙骏大白猪

1. 特征 龙骏大白猪全身肌肉丰满，四肢强健，结构匀称，繁殖性能好，生长速度快，瘦肉率高，胴体品质优良，适应能力强。

2. 体型外貌 全身被毛全白色，耳中等大小、直立，面颊微凹，嘴长直，头颈轻、结合良好，背腰发育良好、呈现双脊背，四肢强健，体质结实，体躯丰满（图 6-5），母猪乳头通常 7 对。

图 6-5 龙骏大白猪公猪

3. 生产性能 窝均产仔 10～12头，仔猪 3 周断奶体重 5.5～6.8 千克，断奶至 50 千克阶段日增重 640～800 克，50～100 千克阶段日增重 750～950 克，达 100 千克体重日龄 140～155 天，饲料转化率 1∶2.36。屠宰率 73%～75%，背膘厚 14～16 毫米，胴体瘦肉率 67.69%。

（三）龙骏杜洛克猪

1. 特征 龙骏杜洛克猪四肢结实，肌肉发达，生长速度快，饲料报酬高，瘦肉率高，适应能力强，公猪性欲旺盛。

2. 体型外貌 全身被毛棕红色，头不大，耳中等大小、半垂半立且稍前倾。体高长、丰满，背微呈弓形，后躯肌肉发达，四肢粗壮结实（图 6-6），母猪乳头 6～7 对。

图 6-6 龙骏杜洛克猪公猪

3. 生产性能 窝均产仔猪 9～11 头，仔猪 3 周断奶体重 6.2～6.8 千克，断奶至 50 千克阶段日增重 700～800 克，50～100 千克阶段日增重 760～1 000 克，达 100 千克体重日龄 138～155 天，饲料转化率 1∶2.29。屠宰率 74%～76%，背膘厚 14～16 毫米，胴体瘦肉率 68.24%。

(四)供种场家

广东省中山食品进出口有限公司白石猪场是龙骏种猪的惟一生产场家,是广东省级原种猪场,猪场除生产种猪外,还利用龙骏种猪在所属分场生产商品育肥猪,每年都向港澳地区出口优质瘦肉型商品猪,猪场建立有完善的良种繁育体系,确保种猪性能优秀和持续提高。该场2001年通过了ISO 9001国际质量管理体系认证,是管理规范的种猪企业,龙骏种猪是该场的品牌产品。

(五)推荐饲料配方

龙骏种猪生长各阶段的推荐饲料配方见表6-2。

表6-2 龙骏种猪生长各阶段的饲料配方(推荐) (%)

饲 料	小猪(20~45千克)	中猪(45~75千克)	肥育猪(75~115千克)	妊娠母猪	哺乳母猪
玉 米	64.6	65	65.9	55	55.5
豆 粕	22	20	15.5	16	25.4
麸 皮	—	8	15	20	5
进口鱼粉	3	2	1	—	—
酵母粉	5	2	—	—	—
油脂粉	2.44	—	—	—	3.25
磷酸氢钙	1.3	1.32	1	—	—
石 粉	0.3	0.33	0.4	—	—
赖氨酸	0.21	0.2	—	—	—
食 盐	0.15	0.15	0.2	—	—
苹果渣	—	—	—	5	4.85
预混料	1	1	1	4	6
合 计	100	100	100	100	100

三、源丰种猪

产于广东省东莞食品进出口公司下属的塘厦猪场，该场利用台系、美系、加系、英系、丹系等优秀种猪资源，经多年选育，形成本场源丰种猪，主要包括源丰杜洛克猪、源丰大白猪和源丰长白猪。该场生产规模大，是外向型出口猪生产基地，利用源丰种猪生产的商品猪符合出口猪标准要求。塘厦猪场是中国畜牧业协会猪业分会理事单位。

（一）源丰杜洛克猪

1. 特征 由台系及美系杜洛克猪通过系祖建系，继代选育7年6个世代而成。特点是肌肉丰满、瘦肉率高、增重快、繁殖能力强。

2. 体型外貌 全身被毛棕红色或褐色，头稍大，面微凹，耳中等大小呈前倾，背腰较长、平直或微弓，腹线平直，肌肉特别丰满发达，呈双肌臀，肢蹄粗壮结实有力，乳头排列整齐、6对以上，成年猪体重200~300千克（图6-7）。

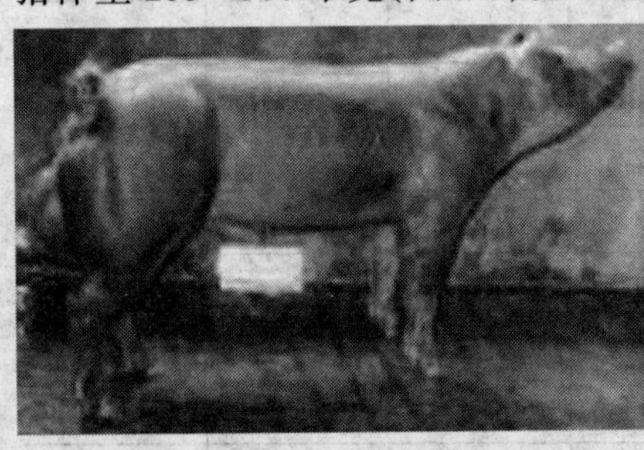

图6-7 源丰杜洛克猪公猪

3. 生产性能 母猪初情期为5~6月龄，7~8月龄且体重120千克以上初配。初产活仔7~8头，经产活仔8~9头，母猪利用年限4~5年。生长育肥猪达100千克体重日龄160~180天，30~100千克阶段平均日增重700~800克，育肥期饲料转化率1:2.4~2.8。90千克体重屠宰，屠宰率75%以上，背膘厚

13～15毫米，瘦肉率67%～69%，肉色鲜红，肌肉脂肪3%以上。

（二）源丰大白猪

1. 特征 由美系、加系和英系大白猪通过群体建系，继代选育8年5个世代而成。具有增重快、繁殖力高、适应性好、肢蹄健壮、中躯和后躯丰满等突出特点。

2. 体型外貌 全身被毛白色（眼角和尾根部偶有暗斑），头中等大小，鼻面直或微凹，耳竖立，背腰和腹线平直，肌肉丰满呈长方形，肢蹄健壮有力，乳头6对以上排列整齐，成年体重200～300千克。

3. 生产性能 母猪初情期为5～6月龄，8月龄且体重120千克以上初配。初产活仔8～10头，经产活仔10～12头，母猪利用年限4～5年。生长育肥猪达100千克体重日龄150～175天，30～100千克阶段平均日增重750～900克，育肥期饲料转化率1:2.3～2.8。体重90千克屠宰，屠宰率75%以上，背膘厚15.5～17.5毫米，瘦肉率65%～67%，肉色鲜红，肌肉脂肪2%以上。

（三）源丰长白猪

1. 特征 由丹系和挪系长白猪通过群体建系，继代选育8年5个世代而成。其特点是增重快、繁殖力高、肢蹄粗壮，同时具有较高的产肉性能。

2. 体型外貌 全身被毛白色（眼角和尾根部偶有暗斑），头颈轻细，两耳前倾，体躯长，背平或微弓，腹线平直，臀部肌肉丰满，乳头6对以上、排列整齐，成年体重200～300千克（图6-8）。

图6-8 源丰长白猪公猪

3. 生产性能 母猪初情期为5～6月龄，8月龄且体重120千克以上初配。初产活仔数8～10头，经产活仔数10～12头，母猪利用年限4～5年。生长育肥猪达100千克体重日龄155～175天，30～100千克阶段平均日增重700～850克，育肥期饲料转化率1∶2.3～2.8。体重90千克屠宰，屠宰率75%以上，平均背膘厚16～18毫米，瘦肉率65%～67%，肉色鲜红，肌肉脂肪2%以上。

（四）供种场家

广东省东莞食品进出口公司下属塘厦猪场是源丰种猪的惟一生产场家。该场为现代产业化大型养猪企业，是广东省级原种猪场。猪场建立有完善的良种繁育体系，确保种猪性能优秀和持续提高。该场 2000 年通过了 ISO 9001 国际质量管理体系认证，是管理规范的种猪企业，源丰种猪是该场的品牌产品。

（五）推荐饲料配方

源丰种猪生长各阶段的推荐饲料配方见表 6-3。

表 6-3　源丰种猪生长各阶段的饲料配方（推荐）　（%）

饲　料	乳猪		小猪		中猪		大猪		妊娠母猪		哺乳母猪	
	7日龄始	7～15千克	15～40千克		40～70千克		70千克以上					
玉　米	54	55	62	62	64	64	62	64	60	62	64	64
豆　粕	29	29	28	29	25	24	24	22	14	14	26	27
小麦麸皮	—	—	4	5	5	8	10	10	20	20	4	5
鱼　粉	5	4	2	—	2	—	—	—	2	—	2	—
预混料	10	10	4	4	4	4	4	4	4	4	4	4
合　计	100	100	100	100	100	100	100	100	100	100	100	100

第七章 引进的配套系种猪

为发展瘦肉型猪生产，我国先后从世界养猪业发达的国家和地区引进了优秀的瘦肉型猪种。这些猪种基本分为两大类：一大类是优秀的纯品种猪，如前面介绍的长白猪、大白猪、杜洛克猪及皮特兰猪等。利用这些品种，采用前面介绍的杂交模式生产瘦肉型商品猪，取得了很好的改良效果，满足了市场对瘦猪肉的需要，也使这些猪种得到快速推广与运用，成为当前我国养猪生产，特别是产业化生产的主导猪种；另一大类是优秀的配套系猪，如本章介绍的 PIC 配套系猪、斯格配套系猪、伊比得配套系猪和达兰配套系猪等。这些国外优秀的配套系种猪的引进，丰富了我国瘦肉型猪生产的猪种资源。

为了使期望的性状取得稳定的杂种优势，通过对现有品种猪的选育和杂交试验而建立的繁育体系，简称为配套系。这个体系由原种猪、祖代猪、父母代猪以及商品代猪组成，其中的原种猪又称为曾祖代猪。

配套系猪的繁育体系基本结构如下。

曾祖代　A 系(♂/♀)　B 系(♂/♀)　C 系(♂/♀)　D 系(♂/♀)

↓　↓　↓　↓

祖代　A 系♂ × B 系♀　C 系♂ × D 系♀

↓　↓

父母代　AB 系♂ × CD 系♀

↓

商品代　ABCD

这是一个典型的四系配套模式。在配套系猪育种的实践中，有基于以上模式的多种形式，或多于四系，如五系的 PIC 配套系猪和斯格配套系猪;或少于四系,如三系的达兰配套系猪。

配套系猪通常有3~5个专门化品系组成,各专门化品系基本来源于长白猪、大白猪、杜洛克猪、皮特兰猪等品种。各猪种改良公司分别把不同的专门化品系用英文字母或数字代表,这将在后续的内容中介绍。随着育种技术的进步,各专门化品系除了上述纯种猪之外,近年来还选育了合成类型的原种猪,各专门化品系分别按照父系和母系的两个方向进行选育,父系的选育性状以生长速度、饲料利用率和体型为主,而母系的选育以产仔数、母性为主。这些选育原则为培育专门化品系指明了方向,在养猪业中,品种概念逐渐被品系概念所替代。

配套系猪都在比较大型的猪种改良公司选育,这些公司规模较大,经济实力强,猪种资源丰富,技术先进,目标市场明确。目前国内饲养的引进配套系猪种有:PIC配套系、斯格配套系、伊比德配套系和达兰配套系等。

配套系猪是养猪业发展中的新事物。由于杂种优势的存在,人们力图通过最简单的办法获得并代代相传,以提高生产效率。但遗传学理论和实践证明,杂种优势是无法通过自群繁殖的方式代代相传的。于是,人们想通过一定的体系获得和保持杂种优势,并根据市场的需求,不断发展和提高杂种优势的水平。这个想法首先在粮食生产中得到实现,杂种优势在农业生产中大显身手,大幅度提高了粮食产量。这种现象引起养猪人的关注,国外的猪育种公司从20世纪的60~70年代就研究配套系猪育种,在80~90年代推出商业化配套系猪种,并在养猪生产中逐步推广,配套系猪曾有混交种、杂优猪等称呼。我国适时从国外引进了配套系种猪,通过长期的饲养和研究,国内的种猪公司也开展配套系猪的选育。业界的一些专家、企业家认为,配套系猪代表了猪业产业化发展中选育猪种的方向,当然,也有一些专家、企业家持不尽相同的意见,认为现行的三元杂交就很好了。目前世界上的主要配套系猪都已经落户我国，并在生产中起到积极作用。

配套系猪的优势在于：期望性状（如产仔头数、生长速度、饲料转化率等）可以获得比三元杂交或多种杂交方式更加稳定的杂种优势，其终端产品的商品肉猪具有三元杂交猪无法相比的高加工品质，如整齐划一，屠宰率、分割率高等。

选择使用配套系种猪时，比较直接的办法是选择做某一配套系猪种的祖代或父母代猪场，引进和饲养祖代或父母代种猪。当仅仅引进父母代种猪生产商品猪时，应仔细考虑种猪更新是否便捷和来源是否稳定，权衡更新种猪的费用与饲养配套系商品猪所得到的收益是否更有利。

一、PIC 配套系猪

PIC 配套系猪是 PIC 种猪改良公司选育的世界著名配套系猪种之一，PIC 公司是一个跨国种猪改良公司，目前总部设在英国牛津。

PIC 中国公司成立于 1996 年，在 1997 年 10 月从 PIC 英国公司遗传核心群直接进口了五个品系共 669 头种猪组成了核心群，开始了 PIC 种猪的生产和推广，经过长期的饲养实践证明，PIC 种猪及商品猪符合中国养猪生产的国情。

（一）PIC 配套系猪的配套模式与繁育体系

PIC 配套系猪配套模式与繁育体系如图 7-1 所示。

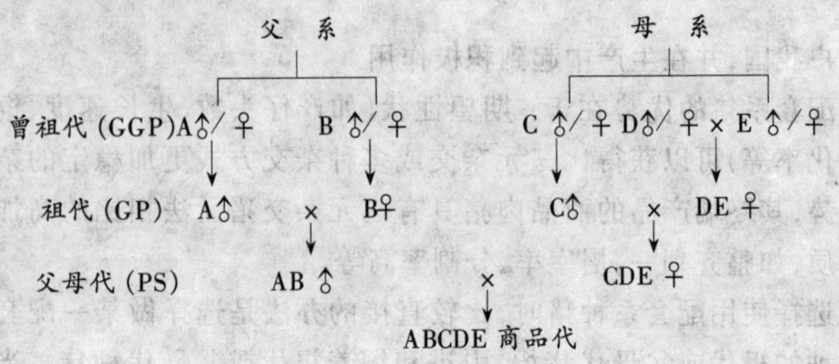

图 7-1　PIC 配套系猪配套模式与繁育体系示意图

(二)曾祖代各品系种猪

PIC 曾祖代的品系都是合成系,具备了父系和母系所需要的不同特性。

A 系　瘦肉率高,不含应激基因,生长速度较快,饲料转化率高,是父系父本。

B 系　背膘薄,瘦肉率高,生长快,无应激综合征,繁殖性能同样优良,是父系母本。

C 系　生长速度快,饲料转化率高,无应激综合征,是母系中的祖代父本。

D 系　瘦肉率较高,繁殖性能优异,无应激综合征,是母系父本或母本。

E 系　瘦肉率较高,繁殖性能特别优异,无应激综合征,是母系母本或父本。

(三)祖代种猪

祖代种猪提供给扩繁场使用,包括祖代母猪和公猪。祖代母猪为 DE 系,产品代码 L 1050,由 D 系和 E 系杂交而得,毛色全白。初产母猪平均窝产仔 10.5 头以上,经产母猪平均窝产仔 11.5 头以上(图 7-2)。

祖代公猪为 C 系，产品代码 L 19(图 7-3)。

图 7-2　PIC 配套系祖代 DE 系母猪

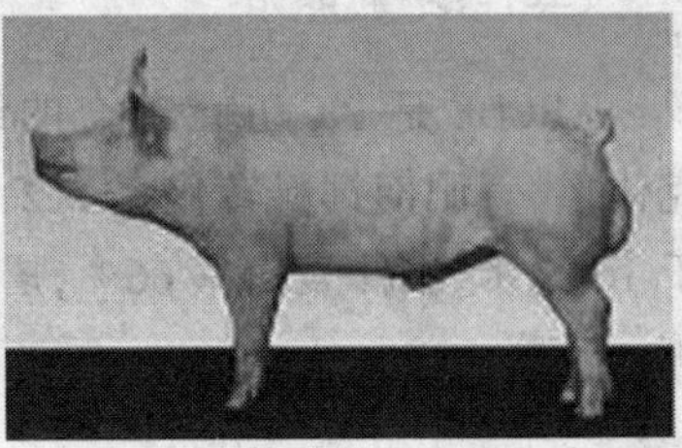

图 7-3　PIC 配套系祖代 C 系公猪

(四)父母代种猪

父母代种猪来自扩繁场，用于生产商品肉猪，包括父母代母猪和公猪。

父母代母猪 CDE 系，商品名称康贝尔母猪，产品代码 C 22 系，被毛白色，初产母猪平均窝产仔 10.5 头以上，经产母猪平均窝产仔 11 头以上(图 7-4)。

父母代公猪 AB 系，PIC 的终端父本，产品代码为 L402，被毛白色，四肢健壮，肌肉发达(图 7-5)。

图 7-4　PIC 配套系父母代 CDE 系母猪

图 7-5　PIC 配套系父母代 AB 系公猪

(五)终端商品猪

ABCDE是PIC五元杂交的终端商品肉猪,155日龄达100千克体重,育肥期饲料转化率1:2.6~2.65。100千克体重背膘厚小于16毫米,胴体瘦肉率66%,屠宰率73%,肉质优良。

(六)供种场家

PIC中国公司及合作扩繁基地是国内PIC配套系种猪生产和供种场家,PIC中国公司是PIC种猪改良公司在我国的子公司,公司规模大,设备先进,技术水平高,研发能力强,PIC中国公司是中国畜牧业协会猪业分会的常务理事单位。目前PIC中国公司的父母代公猪产品主要有L 402,陆续推出的新产品有B 280,B 337,B 365以及B 399等;父母代母猪除了PIC康贝尔C 22以外,将陆续供应市场的还有康贝尔系列的C 24,C 44等。

(七)饲养管理特点

1. 繁殖 DE系祖代母猪适宜配种日龄在210日龄以上,体重140千克左右,第三次发情时配种,一个情期内配种3次为宜。

CDE系父母代母猪适宜配种日龄在210日龄以上,体重140千克左右,第三次发情时配种,一个情期内配种3次为宜。AB系父母代公猪适宜配种日龄在240日龄以上,体重150千克左右。

2. 饲养 PIC猪的生长和生产潜力很大,为充分发挥其潜在性能,需要较高的营养水平。PIC猪的推荐饲养标准见表7-1。

表7-1 PIC猪饲养标准(推荐)

类别	体重阶段(千克)	标准		
		消化能(兆焦/千克)	粗蛋白质(%)	赖氨酸(%)
后备母猪	100~140	14.03	17	1

续表 7-1

类 别	体重阶段(千克)	标 准		
		消化能(兆焦/千克)	粗蛋白质(%)	赖氨酸(%)
怀孕母猪	—	13.61	15	0.6
哺乳母猪	—	14.24	17	1
乳 猪	7日龄始	15.07	22	1.5
仔 猪	7~12	14.65	21	1.4
保育猪	12~20	14.44	20	1.3
生长猪1	20~40	14.02	18	1.1
生长猪2	40~60	13.82	17	0.9
育肥猪	60~100	13.61	16	0.85

二、斯格配套系猪

斯格配套系猪是比利时斯格遗传技术公司选育的配套系种猪。斯格公司自20世纪60年代就开始了配套系猪育种工作，当时曾经称为混交种，这项工作至今已有40多年的历史。开始时，公司从世界各地，主要从欧美等国先后引进20多个猪的优良品种或品系作为遗传材料，采用先进的设备和育种技术，经过大规模、系统的性能测定、亲缘繁育、杂交试验和严格选择，分别育成了若干个专门化父系和母系。父系主要选育肥育性能、肉质等性状，母系在与父系主要性状同质的基础上，主要选择繁殖性能。各专门化品系既不是面面俱到，更不可能相差甚远，这正是配套系猪选育的技巧所在。公司利用这些专门化品系作为核心群，进行持续的继代选育，不断地提高各品系的性能，并推出配套系猪组合。

公司根据我国市场的实际情况，通过国内的合资种猪场选择引进23，33这两个父系和12，15，36这三个母系的原种，组成了斯格五系配套的繁育体系，从而在我国开始了原种水平上的斯格配套系猪的饲养和选育。

(一)斯格配套系猪的配套模式与繁育体系

斯格配套系猪配套模式与繁育体系如图 7-6 所示。

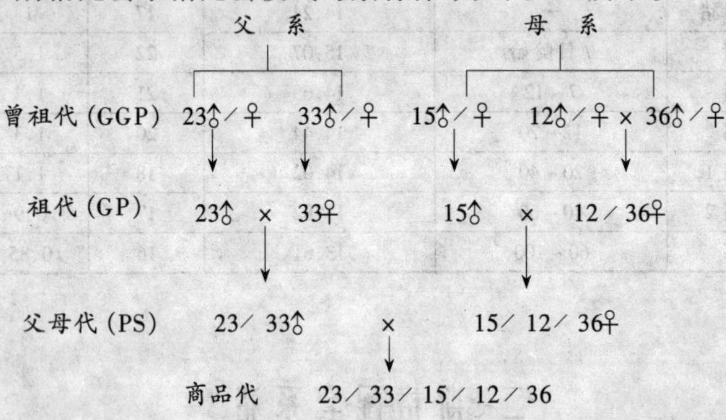

图 7-6 斯格配套系猪配套模式与繁育体系示意图

(二)母系和父系的一般特征特点

母系的选育方向是繁殖性能好，主要表现为：体长，性成熟早、发情征候明显，窝产仔数多，仔猪初生重大、均匀度好、健壮、生活力强，母猪泌乳力强。

父系的选育方向是产肉性能好，主要表现为：生长速度快、饲料转化率高，屠宰率高，腰、臀、腿部肌肉发达丰满，背膘薄、瘦肉率高。

终端商品育肥猪(又称杂优猪)群体整齐，生长快、饲料转化率高，屠宰率高，瘦肉率高，肉质好，无应激，肌内脂肪含量 2.7% ~ 3.3%，肉质细嫩多汁。

(三)曾祖代各品系种猪

1. 母系 36 母系的母本。

(1)体型外貌　大白猪体型,四肢粗壮,背腰宽、体躯长,性情温驯,发情症状明显(图7-7)。

(2)生产性能　具备高繁殖性能,平均窝产仔11.5~12.5头,母性好,泌乳力强,生长速度快,150日龄达到100千克体重,100千克体重背膘厚11~14毫米,育肥期饲料转化率1:2.2~2.4,应激反应阴性。

2. 母系12　母系中第一父本。

(1)体型外貌　长白猪体型,四肢健壮,体躯长,性情温驯(图7-8)。

图7-7　曾祖代36系母猪

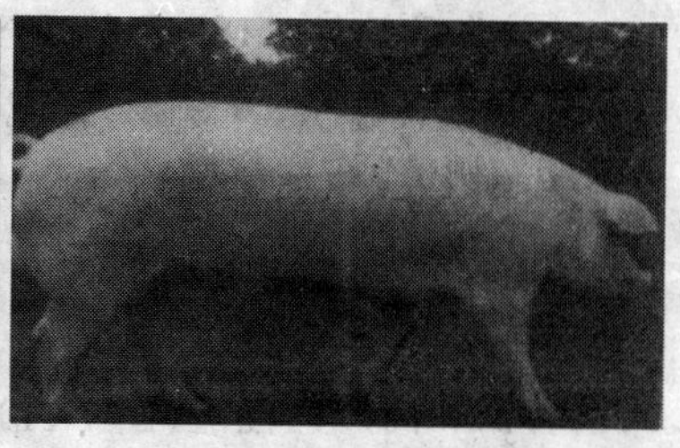

图7-8　曾祖代12系公猪

(2)生产性能　与36系产活仔数性状的配合力好,具备高繁殖性能,平均窝产仔11~12头,生长速度快,158日龄达到100千克体重,100千克体重背膘厚12~14毫米,育肥期饲料转化率1:2.4,应激反应阴性。

3. 母系15　合成品系,母系中第二父本。

(1)体型外貌　体型介于长白猪与大白猪之间,四肢粗壮,体躯长,性情温驯(图7-9)。

(2)生产性能　与祖代母系母猪12/36产活仔数性状的配合力好,产活仔数可提高0.5~1头,平均窝产仔11~12.5头,生长速度快,153日龄达到100千克体重,100千克体重背膘厚12~13毫米,育肥期饲料转化率1:2.3,应激反应阴性。

4. 父系23　父系父本。

(1)体型外貌　含皮特兰猪血缘,四肢、背腰、后臀肌肉发达,具备父系特征和高产肉性能(图 7-10)。

图 7-9　曾祖代 15 系公猪

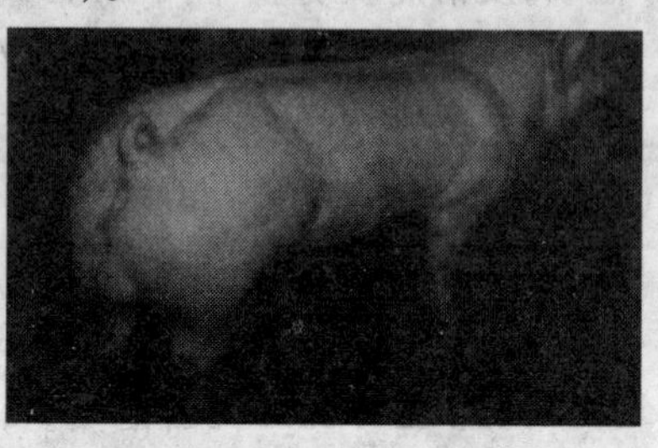

图 7-10　曾祖代 23 系公猪

(2)生产性能　166 日龄达到 100 千克体重,瘦肉率 69%,100 千克体重背膘厚 7～8 毫米,育肥期饲料转化率 1∶2.5,100%含有 BgM^+ 基因,应激反应阴性。

5. 父系 33　父系母本。

(1)体型外貌　大白猪体型,腿臀、前躯发达,背腰宽平,具备父系特征和高产肉性能(图 7-11)。

(2)生产性能　母性好,繁殖力强,平均窝产仔 10～11 头。156 日龄达到 100 千克体重,瘦肉率 67%,100 千克体重背膘厚 8～9 毫米,育肥期饲料转化率为 1∶2.2～2.4,应激反应阴性。

(四)祖代种猪

祖代母猪是 12 系公猪与 36 系母猪杂交的后代,发情表现明显,母猪利用年限长,一生产仔平均 6.8 胎。平均窝产仔 12～13 头,比基础母系 36 系提高 1 头左右。100 千克体重背膘厚 12～13 毫米,应激反应阴性(图 7-12)。

(五)父母代种猪

1. 父母代母猪　父母代母猪是由15系公猪与祖代母猪杂交而来。

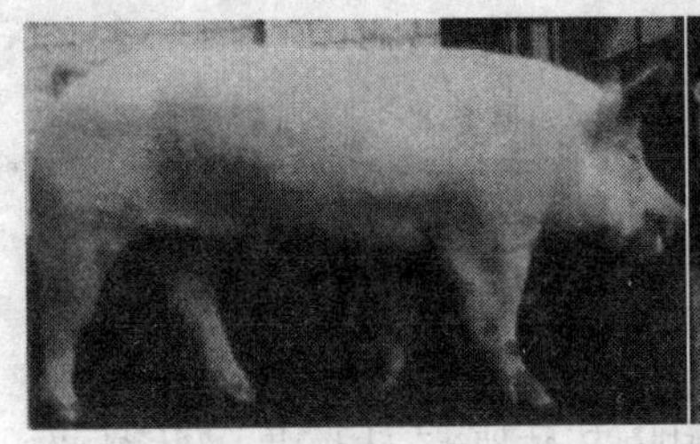

图 7-11 曾祖代 33 系公猪

图 7-12 祖代 12/36 母猪

(1)体型外貌 体长,结构匀称,体质强健,泌乳力强(图 7-13)。

(2)生产性能 初情期早,发情征候明显,平均窝产仔 12.5~13.5头,年产仔 2.3~2.4 胎,每头母猪平均年育成断奶仔猪 23~25 头。100 千克体重背膘厚 12~13 毫米,抗应激,利用年限长,一生产仔平均可达 6.8 胎。

2. 父母代公猪 父母代公猪是由23系公猪与33系母猪杂交而来。

(1)体型外貌 前躯、腿臀发达,背腰宽,具良好的产肉外貌(图 7-14)。

图 7-13 父母代 15/12/36 母猪

图 7-14 父母代 23/33 公猪

(2)生产性能 生长快,153 日龄达到 100 千克体重,瘦肉率 67.5%,100 千克体重背膘厚 7~9 毫米,育肥期饲料转化率 1:2.2~2.4,性欲强,应激反应阴性。

(六)终端商品猪

1. 体型外貌 被毛全白,肌肉丰满,背宽,腰厚,臀部极发达,整齐度好,外貌美观(图7-15)。

图7-15 斯格终端商品猪

2. 生产性能 生长快,25~100千克阶段日增重900克以上,育肥期饲料转化率为1:2.4。屠宰率75%~78%,瘦肉率66%~67.5%,肉质好,肌内脂肪2.7%~3.3%,应激反应阴性。

(七)供种场家

河北斯格种猪有限公司是国内惟一生产斯格种猪的场家,是河北裕丰实业股份有限公司与比利时斯格遗传技术公司于1998年9月合资兴建的种猪企业。公司在1999年3月引进斯格原种五个品系核心群种猪324头。

公司借鉴国外先进经验,采用先进的多点式生产方式组织养猪生产,六年来,在比利时专家的直接参与下,通过对原种核心群种猪系统的继代选育以及比利时斯格遗传技术公司进口精液的使用,使种猪整体水平与比利时斯格遗传技术公司实现了同步遗传改良的目标。目前,在河北、福建、广东、江苏、山东等省已建立有近20个祖代猪场,斯格猪的繁育体系在国内日臻完善。斯格配套系猪以繁殖性能好、生长速度快、饲料报酬高、商品猪肉质好受到业界的欢迎。

河北裕丰实业股份有限公司京安分公司是斯格种猪公司的兄弟公司,饲养以斯格种猪为主的各品种猪,河北裕丰实业股份有限公司是国家农业产业化重点龙头企业,京安分公司是中国畜牧业协会猪业分会副会长单位,并已经通过ISO 9001国际质量管理认证。

(八)饲养管理特点

斯格猪的推荐饲养标准见表7-2。

表7-2 斯格猪饲养标准(推荐)

猪群类别	仔 猪			育 肥 猪		
体重阶段(千克)	0~7	7~12	12~20	20~40	40~70	70~110
能量净能(兆焦/千克)	14.7	14.23	13.8	13.2	13	12.85
乳糖(%)	5~12.5	4	3	—	—	—
粗纤维(%)	—	—	—	最大5.5	最大5.5	最大5.5
粗蛋白质(%)	19.25	18.62	18.23	17.44	17.21	16.97
赖氨酸(%)	1.48	1.32	1.2	0.94	0.87	0.82
可消化赖氨酸(%)	1.23	1.1	1	0.78	0.72	0.68
蛋氨酸+半胱氨酸(%)	0.89	0.79	0.72	0.56	0.52	0.49
可消化蛋氨酸+半胱氨酸(%)	0.74	0.66	0.6	0.47	0.43	0.41
苏氨酸(%)	0.93	0.83	0.76	0.59	0.55	0.52
可消化苏氨酸(%)	0.77	0.69	0.63	0.49	0.46	0.43
色氨酸(%)	0.27	0.24	0.22	0.17	0.16	0.15
可消化色氨酸(%)	0.22	0.2	0.18	0.14	0.13	0.12
钙(%)	0.75~0.85	0.75~0.85	0.75~0.85	0.75~0.85	0.75~0.85	0.65~0.75
磷(%)	最大0.7	最大0.6	最大0.6	最大0.55	最大0.5	最大0.5
可消化磷(%)	最小0.37	最小0.36	最小0.36	最小0.28	最小0.23	最小0.28
钠(%)	0.2~0.3	0.2~0.3	0.2~0.3	0.2~0.3	0.2~0.3	0.2~0.3
粗脂肪(%)	5	4.5	4.5	5	5	5
亚油酸最小(%)	最小1.8	最小1.5	最小1.5	—	—	—
维生素A(单位/千克)	15	15	15	12.5	10	10
维生素D_3(单位/千克)	2	2	2	2	2	2
维生素E(毫克/千克)	40	40	40	40	40	40
维生素K_3(毫克/千克)	0.5	0.5	0.5	0.5	0.4	0.4
维生素B_1(毫克/千克)	0.5	0.5	0.5	0.5	0.4	0.4
维生素B_2(毫克/千克)	4.5	4.5	4.5	4.5	3.7	3.7

续表 7-2

猪群类别	仔猪			育肥猪		
体重阶段(千克)	0～7	7～12	12～20	20～40	40～70	70～110
维生素 B_3(毫克/千克)	15	15	15	15	12	12
维生素 B_6(毫克/千克)	1.25	1.25	1.25	1.25	1	1
维生素 B_{12}(微克/千克)	20	20	20	20	16	16
维生素 B_5(毫克/千克)	20	20	20	20	20	20
维生素 B_{10}(毫克/千克)	0.3	0.3	0.3	0.3	0.3	0.3
维生素 H(微克/千克)	100	90	90	90	90	90
氯化胆碱(毫克/千克)	200	200	20	20	20	20
铁(毫克/千克)	120	120	120	120	120	120
铜(毫克/千克)	160	160	160	160	20	20
锌(毫克/千克)	100	100	100	100	100	100
锰(毫克/千克)	40	40	40	40	40	40
碘(毫克/千克)	1	1	1	1	1	1
钴(毫克/千克)	1	1	1	1	1	1
硒(毫克/千克)	0.3	0.3	0.3	0.3	0.3	0.3

猪群类别	后备母猪体重		妊娠母猪		哺乳母猪	
体重阶段(千克)	40～70千克	70～110千克	前期	后期	分娩前	哺乳期
能量净能(兆焦/千克)	13.22	12.7	12.72	13	13	13.3
淀粉与糖(%)	最小 40	最小 42	最大 38	最大 38	最小 42	最小 42
粗纤维(%)	4～5	4～6	5.5～7	5.5～6	7.5	5.5
粗蛋白质(%)	最小 17	最小 16	最小 15.5	最小 16.5	最小 14	最小 16.5
赖氨酸(%)	0.92	0.83	0.75	0.75	0.8	0.8
可消化赖氨酸(%)	0.75	0.68	0.55	0.55	0.68	0.68
蛋氨酸+半胱氨酸(%)	0.55	0.5	0.46	0.46	0.55	0.55
可消化蛋氨酸+半胱氨酸(%)	0.45	0.42	0.35	0.35	0.44	0.44
苏氨酸(%)	0.58	0.53	0.5	0.5	0.6	0.6
可消化苏氨酸(%)	0.47	0.43	0.36	0.36	0.48	0.48
色氨酸(%)	0.16	0.15	0.15	0.15	0.17	0.17

续表 7-2

猪群类别	后备母猪体重		妊娠母猪		哺乳母猪	
体重阶段(千克)	40～70千克	70～110千克	前　期	后　期	分娩前	哺乳期
可消化色氨酸(%)	0.13	0.12	0.1	0.1	0.13	0.13
矿物质(克/千克)	最小2	最小2	1.7～2.4	1.7～2.4	1.7～2.4	1.7～2.4
钙(%)	0.75～0.9	0.75～0.9	0.75～0.85	0.75～0.85	0.75～0.85	0.95～1
磷(%)	最大0.6	最大0.6	最大0.6	最大0.6	最大0.6	最大0.6
可消化磷(%)	最小0.28	最小0.26	最小0.26	最小0.26	最小0.3	最小0.26
钠(%)	0.2～0.3	0.2～0.3	0.2～0.3	0.2～0.3	0.2～0.3	0.2～0.3
粗脂肪(%)	4	3.5	最小5.5	最小5.5	最小6	最小6
亚油酸最小(%)	最小1.25	最小1.25	最小1.5	最小1.8	最小1.8	最小1.25
维生素A(单位/千克)	12	12	12	12	15	15
维生素D_3(单位/千克)	2	2	2	2	2	2
维生素E(毫克/千克)	40	40	40	40	60	60
维生素K_3(毫克/千克)	0.4	0.4	0.4	0.4	0.4	0.4
维生素B_1(毫克/千克)	0.4	0.4	0.4	0.4	0.4	0.4
维生素B_2(毫克/千克)	3.7	3.7	3.7	3.7	3.7	3.7
维生素B_3(毫克/千克)	12	12	12	12	12	12
维生素B_6(毫克/千克)	1	1	1	1	1	1
维生素B_{12}(微克/千克)	16	16	16	16	16	16
维生素B_5(毫克/千克)	20	20	20	20	20	20
维生素B_{10}(毫克/千克)	1.5	1.5	1.5	1.5	3	3
维生素H(微克/千克)	100	100	100	100	120	120
氯化胆碱(毫克/千克)	200	200	300	300	600	600
铁(毫克/千克)	120	120	120	120	120	120
铜(毫克/千克)	20	20	20	20	20	20
锌(毫克/千克)	100	100	100	100	100	100
锰(毫克/千克)	40	40	40	40	40	40
碘(毫克/千克)	1	1	1	1	1	1
钴(毫克/千克)	1	1	1	1	1	1
硒(毫克/千克)	0.3	0.3	0.3	0.3	0.3	0.3

三、伊比得配套系猪

伊比得配套系猪是法国古龙—桑得斯集团下属伊比得种猪优选公司选育的种猪，伊比得种猪优选公司成立于1972年，公司致力于优秀配套系种猪选育和为市场提供高品质的肉食品原料。在种猪选育上，伊比得种猪突出健康、持续高繁殖力、生长速度快和饲料转化率高，确保食品的安全、富有营养和符合需要的口味。为实现这个目标，公司选用世界上优秀的猪种，如长白猪、大白猪、皮特兰猪等猪种作为配套系猪选育的素材，经过30余年的系统性能测定、选择淘汰和配合力测定等，分别育成了若干个专门化父系和母系。父系主要选择生长速度、背膘厚度、氟烷敏感基因状况、眼肌面积及肉质等性状；母系在对生长速度、背膘厚度和饲料转化率进行选择（选择标准与父系不尽一致）的基础上，主要对繁殖性能进行选择，如奶头发育、产仔能力等。各专门化品系各具特点，通过杂交试验，筛选出最佳的组合方式，确保杂种后代具有优秀的生产性能。

根据我国市场的实际情况，2000年选择引进FH016，FH019这两个父系和FH012，FH025这两个母系的原种，组成了伊比得四系配套的繁育体系。

（一）伊比得配套系猪的配套模式与繁育体系

伊比得配套系猪配套模式与繁育体系见图7-16。

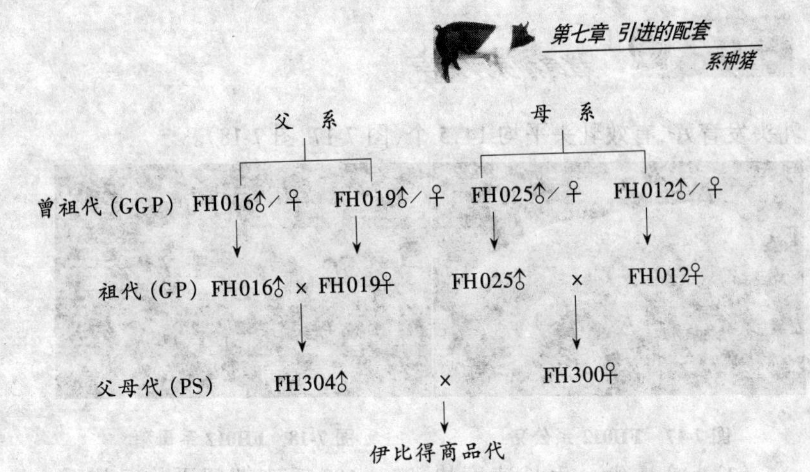

图 7-16 伊比得配套系猪配套模式与繁育体系示意图

(二)母系和父系的一般特征特点

选育母系突出繁殖性能好,但要求生长速度、背膘厚度和饲料转化率也必须达到一定的水平才能够选作继代种用,主要表现在:体长结实、体躯高大结构好,第二性征明显,如乳头、外阴部发育好,发情明显、产仔数多而整齐、健壮活泼,母猪泌乳力强。

父系的选育方向是育肥性能好,主要表现在:生长速度快,饲料转化率高,氟烷敏感基因阴性,腰、臀、腿部肌肉发达丰满,背膘薄,眼肌面积大,瘦肉率高等。

终端商品育肥猪(又称杂优猪)体重大,整齐,生长快,饲料转化率高,屠宰率高,瘦肉率高,肉质好,无应激,肌内脂肪 2.8%,肉质细嫩多汁。

(三)曾祖代各品系种猪

1. 母系 FH 012 1971年组群,经历 10 年系统选育后,1981 年开始闭锁繁育,不再有新的种猪进入。

(1)体型外貌 FH012 系种猪在配套系中的位置是母系母本,长白猪体型,四肢粗壮,背腰宽、体躯长,性情温驯,发情征候明显,乳头发育好,有效乳头平均 14.5 个(图 7-17,图 7-18)。

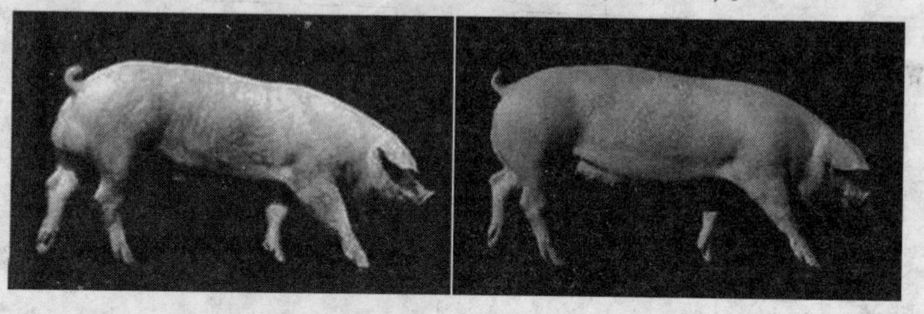

图 7-17　FH012 系公猪　　　图 7-18　FH012 系母猪

(2)生产性能　生长速度快,35～100 千克期间平均日增重 1 094克,138 日龄达到 100 千克体重,100 千克体重背膘厚 15.6 毫米,育肥期饲料转化率 1:2.46,无应激反应。

2. 母系 FH 025　1971年组群,经历 10 年系统选育后,1981 年开始闭锁繁育,不再有新的种猪进入至今。

(1)体型外貌　FH 025 系种猪在配套系中的位置是母系父本,大白猪体型,四肢健壮,背腰宽平,性情温驯,适应性好,乳头发育好,有效乳头平均14.4个(图7-19,图7-20)。

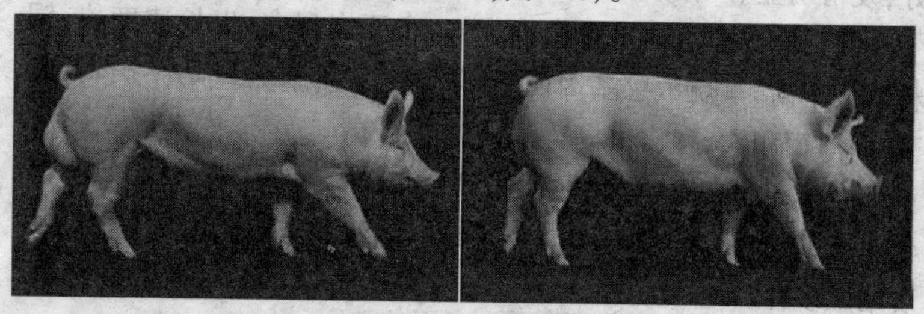

图 7-19　FH025 系公猪　　　图 7-20　FH025 系母猪

(2)生产性能　与 FH 012 系在繁殖性能等方面的配合力好,产活仔数提高 1 头以上。生长速度快,35～100 千克期间平均日增重 1 086 克,137 日龄达到 100 千克体重,100 千克体重背膘厚 15.6 毫米,育肥期饲料转化率 1:2.48,无应激反应。

3. 父系 FH 019 合成品系,1971 年组群,经历 10 多年系统选育后,1988 年开始闭锁繁育,不再有新的种猪进入至今。FH019 系种猪在配套系中的位置是父系母本。

(1)体型外貌 介于大白猪与杜洛克猪之间,伊比得公司称该品系种猪为圣特西,又有白色杜洛克猪之称,是伊比得公司种猪的特点之一。FH 019 系种猪全身被毛白色,偶见黑斑,体型稍短,四肢粗壮结实,耳中等大、直立,背腰宽平,尽管是父系猪,但母猪第二性征明显,发情表现明显,外阴部、乳头发育好,有效乳头平均 13.3 个(图 7-21,图 7-22)。

图 7-21 FH 019 系公猪

图 7-22 FH 019 系母猪

(2)生产性能 生长速度快,背膘薄,是非常优秀的父系猪。尽管是父系猪,经产母猪产活仔达 10.68 头,35 ~ 100 千克期间平均日增重 1 072 克,143 日龄达到 100 千克体重,100 千克体重背膘厚 12.49 毫米,眼肌面积 37 平方厘米,育肥期饲料转化率高达 1:2.35,群体应激敏感基因型的频率为 100%NN(非应激敏感)。

4. 父系 FH 016 1971年组群,不断地继代选育至今,FH 016 系种猪在配套系中的位置是父系父本。

(1)体型外貌 皮特兰猪类型,被毛灰白色夹有黑色斑块,或夹杂少量红毛,体长方形,背腰宽平,耳中等大小、微向前倾,与传统的皮特兰猪相比,四肢粗壮结实,行动灵活,结构匀称,克服了应激反应强烈的缺点,尽管是父系猪,但母猪第二性征明显,外阴部、乳头发育好,有效乳头平均 13.2 个(图 7-23,图 7-24)。

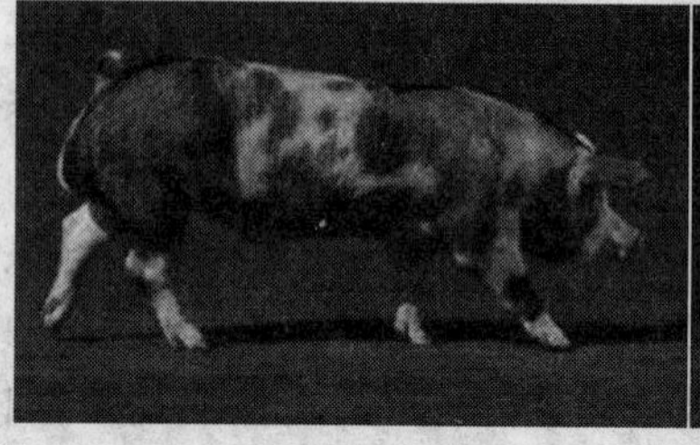

图 7-23 FH016 系公猪

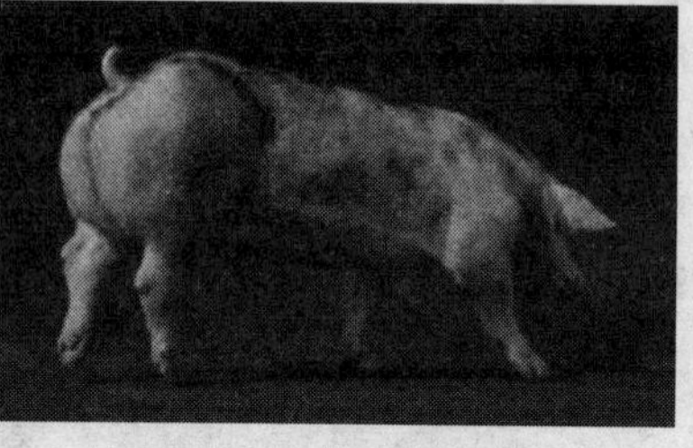

图 7-24 FH016 系母猪

(2)生产性能 尽管是父系猪,经产母猪活产仔达 9.86 头,35～100 千克期间平均日增重 926 克,152 日龄达到 100 千克体重,100 千克体重背膘厚 9.93 毫米,眼肌面积 41 平方厘米,育肥期饲料转化率 1:2.6,群体应激敏感基因型的频率为:10%nn,60%Nn,30%NN。

(四)父母代种猪

图 7-25 FH 300 母猪

1. 母猪 FH 300 FH 025 公猪与 FH 012 母猪交配生产的杂种母猪,用 FH300代表(图 7-25)。也可以用反交的形式,即 FH 012公猪与FH 025母猪交配生产父母代种猪,性能基本没有太大的差异。这是伊比得配套系猪的一个特点,由于具有这样的特点,在配套体系中,祖代种猪的种用率高,在生产实践中,父母代母猪选种合格率可以达到 81%,在经济上是合适的。

(1)生产模式 伊比得配套系父母代母猪生产模式见图 7-26。

FH 025 公猪 × FH 012 母猪

↓

FH 300 父母代母猪

图 7-26 伊比得配套系父母代母猪生产模式

（2）特点和性能　FH 300具有适应性好、繁殖能力高、哺乳能力强以及胴体质量好的特点。85%的母猪奶头数12～14个，窝均产仔12.6头，每头母猪年生产断奶仔猪26.4头。149日龄达到100千克体重。

2. 公猪FH 304　FH 016公猪与FH 019母猪交配生产的杂种公猪，用FH 304代表（图7-27）。也可以用反交的形式，即FH019公猪与FH016母猪交配生产父母代种猪，性能基本没有太大的差异。这同是伊比得配套系猪的一个特点，由于具有这样的特点，因此在配套体系中，祖代种猪的种用率高，在生产实践中，父母代公猪选种合格率可以达到48.8%，在经济上是合适的。

图7-27　FH 304公猪

（1）生产模式　伊比得配套系父母代公猪生产模式见图7-28。

FH 016公猪 × FH 019母猪

↓

FH 304父母代母猪

图7-28　伊比得配套系父母代公猪生产模式

（2）特点和性能　FH 304具有生长速度快、饲料转化率高、背膘薄而且均匀以及胴体质量好的特点。137日龄达到100千克体重，出生至出栏阶段平均日增重731克。100千克体重背膘厚度8.34毫米。

（五）终端商品猪

伊比得配套系猪有一个很大的特点，就是商品猪的生产模式可以有如下3个。

1. 父母代 FH 304 公猪与 FH 300 母猪交配 商品猪被毛全白色,肌肉丰满,体质结实,具备理想的瘦肉型猪体型。其生产性能水平为:育肥期平均日增重 999 克,育肥期饲料转换率 1:2.54,瘦肉率高,肉质好,肌间脂肪 2.8%。

2. 祖代 FH 16 公猪与父母代 FH 300 母猪交配 商品猪被毛全白色,肌肉丰满,体质结实,具备理想的瘦肉型猪体型。其生产性能水平为:育肥期平均日增重 735 克,育肥期饲料转换率 1:2.72,瘦肉率高,肉质好。

3. 祖代 FH 19 公猪与父母代 FH 300 母猪交配 商品猪被毛全白色,肌肉丰满,体质结实,具备理想的瘦肉型猪体型。

(六)供种场家

法国伊比得种猪优选公司是专业配套系猪育种公司,其生产的父母代种猪占全法国市场份额的 17%,父母代公猪的精液占全法国市场份额的 12%(1999 年数据)。

北京养猪育种中心和广东温氏食品集团有限公司是国内引进、饲养法国伊比得配套系原种猪的场家,以上两家公司分别在 2000 年和 2001 年选择引进法国伊比得种猪优选公司的四系配套系原种猪各 300 头左右,系统地开展了伊比得配套系种猪的生产、选种育种、建立完善繁育体系、种猪推广,并在此基础上各自选育适合我国市场的配套系猪种。

北京养猪育种中心是 20 世纪 90 年代初发展菜篮子工程时,由农业部和北京市政府共同投资兴建的良种猪育种基地,是国内最早在原种水平上开展配套系猪选育的大型种猪企业,是中国畜牧业协会猪业分会的会长单位。中心猪种资源丰富,涵盖全世界几乎所有的优秀猪种和配套系猪种,这些猪种全部从国外直接引进,至今仍在饲养着从国外直接引进的丹系长白猪、英系大白猪、加系杜洛克猪、荷兰达兰配套系原种、法国伊比得配套系原种等优良种猪,这些优秀的种猪是中心选育新的配套系猪种的基础。

广东温氏食品集团有限公司创立于1983年,是一个以养殖业为主导的多元化、跨行业、跨地区发展的现代大型企业集团,2000年被农业部等八部委认定为国家农业产业化重点龙头企业,是中国畜牧业协会及猪业分会的副会长单位。其下属广东华农温氏畜牧股份有限公司于2002年6月成立,是种猪育种和肉猪生产的专业化公司,公司规模大,技术先进,种猪质量优秀,公司同时建有大型商业化人工授精中心,为拓宽良种服务奠定了基础,公司主要选育法系长白猪、法系大白猪、法系皮特兰猪和杜洛克猪,目前正在利用这些猪种资源选育适应市场需要的配套系种猪。

(七)饲养管理特点

伊比得公司推荐的种猪饲养标准见表7-3。

表7-3 伊比得种猪饲养标准(推荐)

营养成分	妊娠母猪	哺乳母猪	体重阶段(千克)	
			4~7	7~12
消化能(兆焦/千克)	12.14	12.76	14.44	14.44
净能(兆焦/千克)	8.7	9.21	10.04	10.04
粗蛋白质(%)	14~15	16~18	20~21	20~21
粗纤维(%)	6.5~7.5	5.5~7	3~3.5	3~3.5
总纤维(%)	—	—	<15	<15
钙(%)	0.8~0.9	0.9~1.05	0.9	0.9
有效磷(%)	0.27	0.4	0.4~0.45	0.4~0.45
钠(%)	0.2~0.3	0.2~0.3	0.2~0.25	0.2~0.25
赖氨酸(%)	0.66	0.9	1.47	1.47
蛋氨酸(%)	0.16	0.21	0.47	0.47
苏氨酸(%)	0.33	0.45	0.81	0.81

续表 7-3

营养成分	妊娠母猪	哺乳母猪	体重阶段(千克)	
			4～7	7～12
色氨酸(%)	0.13	0.19	0.24	0.24
铁(毫克/千克)	135	135	120	120
锌(毫克/千克)	105	105	120	120
锰(毫克/千克)	50	50	60	60
铜(毫克/千克)	25	25	150	150
硒(毫克/千克)	0.4	0.4	0.25	0.25
碘(毫克/千克)	0.6	0.6	1.2	1.2
钴(毫克/千克)	0.5	0.5	0.5	0.5
镁(毫克/千克)	142	142	—	—
亚油酸(毫克/千克)	8	8	>8	>8
维生素 A(单位/千克)	15000	15000	15000	15000
维生素 D_3(单位/千克)	1500	1500	2000	2000
维生素 E(毫克/千克)	60	60	40	40
维生素 C(毫克/千克)	—	—	80	80
维生素 K_3(毫克/千克)	1	1	2	2
盐酸硫胺素(毫克/千克)	2	2	1	1
核黄素(毫克/千克)	8	8	4	4
泛酸(毫克/千克)	15	15	15	15
烟酸(毫克/千克)	20	20	30	30
吡哆醇(毫克/千克)	2	2	2	2
钴胺素(毫克/千克)	0.04	0.04	0.05	0.05
生物素(毫克/千克)	0.25	0.25	0.1	0.1
氯化胆碱(毫克/千克)	500	500	500	500
叶酸(毫克/千克)	2	2	1	1

续表 7-3

营养成分	体重阶段(千克)			
	12～25	25～40	40～70	70～115
消化能(兆焦/千克)	13.79	13.43	13.1	13.18
净能(兆焦/千克)	9.46	9	9.04	9.42
粗蛋白质(%)	17～19.5	16～18.5	16～18	15～18
粗纤维(%)	4.5～5	3～6.5	3～6.5	3～6.5
总纤维(%)	<15	12～16	12～16	12～16
钙(%)	0.7～0.95	0.8～1	0.73～1	0.73～1
有效磷(%)	0.35～0.37	0.3	0.27	0.23
钠(%)	0.15～0.25	0.15～0.25	0.15～0.25	0.15～0.25
赖氨酸(%)	1.2	1	0.91	0.86
蛋氨酸(%)	0.31	0.25	0.22	0.19
苏氨酸(%)	0.58	0.49	0.44	0.39
色氨酸(%)	0.22	0.19	0.17	0.14
铁(毫克/千克)	120	120	120	120
锌(毫克/千克)	120	120	120	120
锰(毫克/千克)	60	60	60	60
铜(毫克/千克)	150	150	150	150
硒(毫克/千克)	0.25	0.25	0.25	0.25
碘(毫克/千克)	1.2	1.2	1.2	1.2
钴(毫克/千克)	0.5	0.5	0.5	0.5
镁(毫克/千克)	—	—	—	—
亚油酸(毫克/千克)	>8	>15	<15	<15
维生素 A(单位/千克)	15000	8000	8000	8000
维生素 D_3(单位/千克)	2000	1600	1600	1600
维生素 E(毫克/千克)	40	20	20	20

续表 7-2

营养成分	体重阶段(千克)			
	12～25	25～40	40～70	70～115
维生素 C(毫克/千克)	80	—	—	—
维生素 K_3(毫克/千克)	2	1	1	1
盐酸硫胺素(毫克/千克)	1	0.5	0.5	0.5
核黄素(毫克/千克)	4	3	3	3
泛酸(毫克/千克)	15	10	10	10
烟酸(毫克/千克)	30	20	20	20
吡哆醇(毫克/千克)	2	2	2	2
钴胺素(毫克/千克)	0.05	0.015	0.015	0.015
生物素(毫克/千克)	0.1	—	—	—
氯化胆碱(毫克/千克)	500	300	300	300
叶酸(毫克/千克)	1	—	—	—

四、达兰配套系猪

达兰配套系猪是荷兰 TOPIGS 国际种猪公司选育的种猪，TOPIGS 公司是荷兰最大的种猪公司。该公司不仅在荷兰建设有种猪场，同时在法国、加拿大都有配套系原种猪场，是一个跨国种猪公司。

在我国养猪业发展日新月异的形势下，中荷两国政府共同投资，于 1997 年在北京成立中荷农业部北京畜牧培训示范中心，为实现养猪技术(品种、生产工艺、人工授精、猪场管理、环境控制等)的培训，建立了一座示范猪场，猪场引进了荷兰的达兰配套系猪，当时引进的主要是达兰配套系猪的父母代。

达兰配套系猪是 TOPIGS 公司利用优秀的大白猪、皮特兰猪等猪种作为选育素材，经过 30 多年系统的性能测定、选择淘汰和配合力测定等选育成功的三系配套猪种。为使达兰配套系猪得到发展,2000 年引进了达兰配套系猪原种的三个专门化品系,开展了达兰配套系猪的饲养、选育和推广。原种猪的引进,一方面可以开展选育,同时也使得配套繁育体系中的祖代、父母代种猪的来源得到保证。

达兰配套系猪与其他引进配套系猪最大的不同点在于三系配套,比较简练,生产体系的种用率比较高。达兰猪的繁殖性能好是很大的特点,母猪发情明显,特别是哺乳母猪断奶后 1 周内发情率很高。达兰猪原种各系母猪的乳房发育良好,乳头饱满,泌乳能力强,窝产仔数高。与其他配套系猪的育种目标一样,达兰配套系猪致力于商品肉猪群体整齐、生产性能优秀、肉质好。该配套系猪自引进以来,经过长期的风土驯化和系统选育,适应我国的饲养环境,繁殖性能(产仔数、断奶后发情间隔、仔猪断奶体重)好,生长速度快,饲料转化率高,适合我国现行的饲养水平。

(一)达兰配套系猪的配套模式与繁育体系

达兰配套系猪的配套模式与繁育体系见图 7-29。

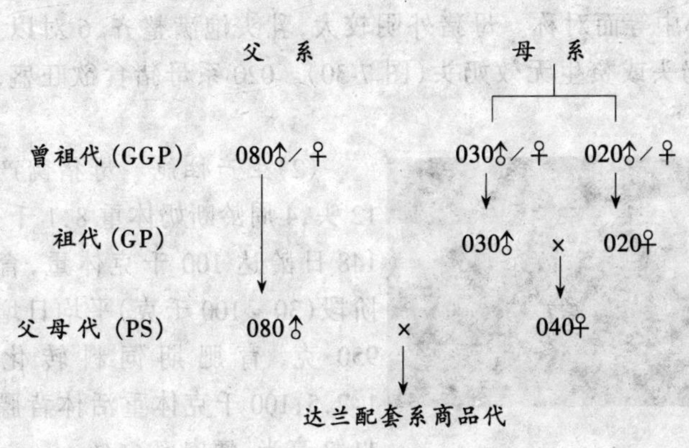

图 7-29 达兰配套系猪配套模式与繁育体系示意图

(二)母系和父系的一般特征特点

达兰配套系猪的父系体型大,主要选择生长速度、背膘厚度、应激敏感基因状况及肉质等性状。

母系同样体型大,主要选择繁殖性能,如适合繁殖能力发挥的体型外貌、产仔能力、哺乳能力(以仔猪断奶体重为标志)以及断奶后发情配种间隔等。终端商品育肥猪(又称杂优猪)体型结构具典型肉用方形体型而不是所谓的健美体型,体现整体的产肉率高,出栏体重大,整齐,生长速度快,饲料转化率高,肉质细嫩多汁。

(三)曾祖代各品系种猪

1. 母系 020 基础母系,作为母系的母本,体系中最好的母猪,由大白猪培育而成,已有 30 多年的育种历史,主要以繁殖能力作为育种目的。选择的性状为窝产仔数、哺乳性能。

(1)体型外貌 020 系被毛白色,头颈轻,面部平或微凹,鼻端宽,耳中等大小、平,颈中等长,无明显腮肉,颈肩结合良好,背腰宽长,后躯丰满,腹部发育充分但不下垂,四肢粗壮结实、端正。公猪睾丸大小中等而对称。母猪外阴较大,乳头饱满整齐、6 对以上,少见瞎奶头或赘生无效奶头(图 7-30)。020 系母猪食欲旺盛,容易饲养。

图 7-30 达兰 020 系母猪

(2)生产性能 母猪窝产仔 12 头,4 周龄断奶体重 8.1 千克;148 日龄达 100 千克体重,育肥阶段(30 ~ 100 千克)平均日增重 950 克,育肥期饲料转化率 1:2.5;100 千克体重活体背膘厚 11.3 毫米,瘦肉率 66%。

2. 母系 030 优秀的母系父

本,由皮特兰猪选育而成,100%应激阴性。同样有30多年的选育历史,在育种目标上75%为繁殖能力,体现在窝产仔数及哺乳期成活率,25%为肥育性能、胴体品质和肉质品质。

(1)体型外貌　被毛白色或夹有黑色斑块,头轻,鼻平直,面颊紧凑,两耳稍向前方直立。颈稍长,无腮肉,前躯紧凑,胸宽深,前肢和胸腰结合良好,背腰长,与后躯结合良好,后躯肌肉发达,臀部宽。公猪睾丸明显,大小中等而对称。母猪乳头 12 个以上,排列良好(图 7-31,图 7-32)。

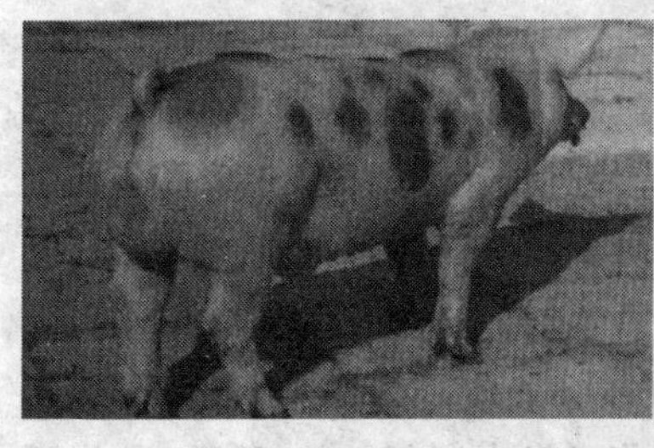

图 7-31　达兰 030 系公猪

图 7-32　达兰 030 系母猪

(2)生产性能　母猪平均窝产仔 12 头,4 周龄断奶体重 8.3 千克;151 日龄体重达 100 千克,育肥阶段(30～100 千克)平均日增重 920 克,饲料转化率 1∶2.45;100 千克体重活体背膘厚度 10.2 毫米,瘦肉率 66%。

3. 父系 080　具优秀肥育性能的终端父本公猪,由大白猪和皮特兰猪育成,已经过了 30 多年的选育,体躯高大,四肢粗壮结实,后躯发达,以肥育性能、胴体品质和肉质作为育种目的。选择性状具体为生长速度、采食量、饲料转化率、肉质。

(1)体型外貌　被毛白色,头颈轻,鼻端宽直,面部稍凹,面颊紧凑,无腮肉,耳直立、中等大小,颈中等长,头颈及颈肩结合良好、紧凑,胸宽开阔、肌肉丰满,背腰长、宽平,后躯丰满,四肢较高,粗壮结实。公猪睾丸突出,大小中等而对称(图 7-33)。母猪外阴发育充分,乳头发育明显,有 6 对以上,排列良好。

图 7-33　达兰 080 系公猪

(2)生产性能　母猪平均窝产仔 12.5 头,4 周龄断奶体重 8.5 千克;142 日龄达 100 千克体重,育肥阶段(30 ~ 100 千克)平均日增重1 050克,饲料转化率 1∶2.43。100 千克体重活体背膘厚度 9.8 毫米,瘦肉率 66%。

(四)父母代种猪

040 系是达兰配套系猪的父母代种母猪,用来与 080 系交配生产商品代肉猪。040 系母猪被毛白色,体质结实,四肢健壮,具有良好的母系外貌,体型大,背腰宽平,腹部发育充分,乳头和外阴部发育良好。窝产活仔猪 11.09 头,在一般较好的饲养条件下,仔猪 4 周龄断奶体重平均 7.5 千克,母猪通常在断奶 3 ~ 4 天后,乳头开始变瘪时发情,发情表现明显,配种容易。

080 系一方面在原种水平上进行选育提高继代,一方面用来作为达兰配套系猪的父母代种公猪,与 040 系父母代种母猪交配生产商品代肉猪。

(五)终端商品猪

达兰配套系商品猪被毛白色,群体整齐,体质结实,具肉用型体型,没有应激反应,143 ~ 145 日龄达 100 千克出栏体重,育肥期饲料转化率 1∶2.36,活体背膘厚度 12 ~ 14 毫米,胴体瘦肉率 65%左右,肉质好。

(六)供种场家

中荷农业部北京畜牧培训示范中心自项目实施以来,一直进行达兰配套系猪的饲养。该中心不仅种猪直接从荷兰引进，而且猪舍建筑、养猪设备、环境控制、人工授精站以及猪场的计算机管理等，都采用了具荷兰风格的先进技术。该中心目前由中国畜牧业协会猪业分会会长单位——北京养猪育种中心管理。

（七）饲养管理特点

达兰配套系猪完全采用本土化饲养，使用饲料公司的商品化全价饲料完全可以满足其营养需要。

第八章　选育的配套系种猪

一、深农配套系猪

深农配套系猪是深圳市农牧实业有限公司下属的国家级重点种畜禽场——深圳市种猪场利用引进猪种，历时 7 年选育的配套系种猪。该种猪于 1998 年 8 月通过国家畜禽品种审定委员会的审定，1999 年 3 月通过农业部审批，成为我国自行培育的配套系种猪。

自 1990 年开始，以养猪为主的深圳市农牧实业有限公司，为满足广东地区及香港生猪市场的需求，基于产业发展的实际需要，借鉴国外培育配套系猪的经验，确定了选育适应市场需要的配套系种猪的技术路线，选育的新猪种要有良好的瘦肉型体型，母猪的产仔性能好，育肥猪生长速度快、瘦肉率高、饲料转化率高、肉质好，同时还要适应南方的饲养环境。深农配套系猪具有这些特点。

(一)深农配套系猪的配套模式与繁育体系

深农配套系猪的配套模式与繁育体系见图 8-1。

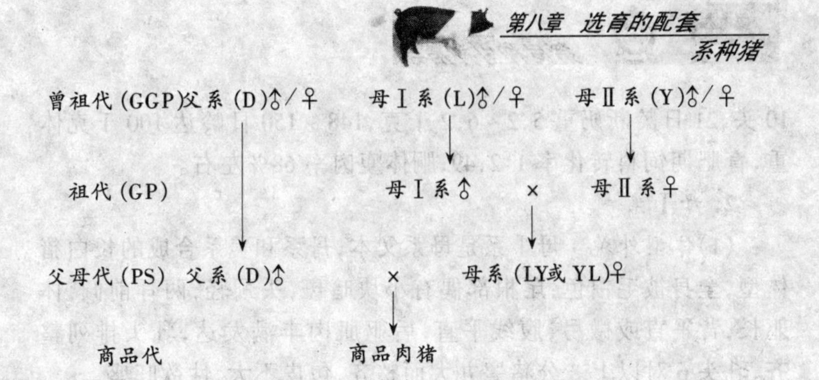

图 8-1 深农配套系猪配套模式与繁育体系

(二)母系和父系的一般特征特点

母系的选育方向是繁殖性能好,主要表现在:体长,发情征候明显,窝产仔数多、均匀度好、健壮、生活力强,母猪泌乳力强。

父系的选育方向是产肉性能好,主要表现在:体型外貌好,生长速度快,饲料转化率高,背膘薄,瘦肉率高,体质结实。

终端商品育肥猪的群体整齐,生长速度快、饲料转化率高,屠宰率高,瘦肉率高,肉质好。

(三)曾祖代各品系种猪

1. 父 系

(1)体型外貌 父系来自美系杜洛克猪,全身被毛棕红色或褐色,头稍大,面微凹,耳中等大小、半垂半立,胸阔开张良好,背腰较长、平直或微弓,腹线平直,肌肉丰满发达,四肢粗壮结实有力。母猪乳头5对左右,排列整齐。外阴大小适中,发育好;公猪睾丸大而整齐,性欲旺盛(图 8-2)。

图 8-2 深农配套系父系公猪

(2)生产性能 窝均产仔9~

10头,21日龄断奶重5.2~6.2千克,148~150日龄达100千克体重,育肥期饲料转化率1:2.49,胴体瘦肉率68%左右。

2. 母Ⅰ系

(1)体型外貌　母Ⅰ系是母系父本,丹系和美系合成的长白猪体型,全身被毛白色,尾根部偶有小块暗斑,头颈轻,两耳前倾,体躯长,背平直或微弓,腹线平直,后躯肌肉丰满发达,乳头排列整齐、乳头6对以上。公猪睾丸大而整齐,包皮不大,性欲旺盛。

(2)生产性能　窝均产仔10~11头,21日龄断奶重5.5~6.2千克,140~150日龄达100千克体重,育肥期饲料转化率1:2.54,胴体瘦肉率69%左右。

3. 母Ⅱ系

(1)体型外貌　母Ⅱ系是基础母系。美系大白猪体型,体躯长,全身被毛白色,眼角或尾根部偶有小块暗斑,头大小适中,鼻面直或微凹,耳竖立,背腰和腹线平直,前躯宽,肌肉丰满,肢蹄粗壮结实有力,乳头6对以上、排列整齐。

(2)生产性能　窝均产仔11~12头,21日龄断奶重5.5~6.5千克,145~155日龄达100千克体重,育肥期饲料转化率1:2.58,胴体瘦肉率69%左右。

(四)父母代母猪

父母代母猪包括LY母系和YL母系两种。父母代母猪全身被毛白色,眼角或尾根部偶有小块暗斑,头轻、腮小,两耳前上方倾立,背腰平直,腹线呈弧形,体长而肌肉丰满,略呈长方形,肢蹄结实有力,外阴大小适中,乳头6对个以上、排列整齐,窝均产仔10.5~11.5头(图8-3)。

(五)终端商品猪

1. 体型外貌　被毛白色但允许有黑斑,头中等大,体稍长,前后躯发达丰满，腹收缩，四肢粗壮结实，外形一致性好。

图 8-3 深农配套系父母代母猪

2. 生长发育 达100千克体重日龄180天以下，饲料转化率1∶2.65以下。100 千克体重时活体背膘厚 18 毫米以下。

3. 胴体品质 100千克体重屠宰时，屠宰率 72%以上，眼肌面积 33 平方厘米以上，瘦肉率 62%以上，后腿占 31.5%以上，无白肌肉。

(六)供种场家

深圳市农牧实业有限公司是深农配套系猪惟一生产场家，公司是农业部等八部委确定的国家级农业重点龙头企业、国家农业综合开发现代化示范基地、国家生猪活体储备基地、中国畜牧业协会猪业分会副会长单位，公司规模大，猪种资源丰富，技术先进。

(七)饲养管理特点

深农配套系猪推荐饲养标准和饲料配方分别见表 8-1，表 8-2。

表 8-1 深农配套系猪饲养标准(推荐)

生育期		消化能(兆焦/千克)	粗蛋白质(%)	赖氨酸(%)	蛋+胱氨酸(%)	钙(%)	磷(%)
保育期	第Ⅰ阶段	13.8	19.5	1.4	0.7	0.95	0.85
	第Ⅱ阶段	13.8	19.5	1.3	0.7	0.9	0.8
	第Ⅲ阶段	13.8	18.2	1.1	0.6	0.85	0.7
小猪期		13.7	18	1	0.55	0.8	0.7
中猪期		13.5	17	0.9	0.5	0.75	0.65

续表 8-1

生育期	消化能(兆焦/千克)	粗蛋白(%)	赖氨酸(%)	蛋+胱氨酸(%)	钙(%)	磷(%)
大猪期	13.7	17	0.85	0.5	0.75	0.65
妊娠母猪	12.5	15.5	0.7	0.45	0.95	0.75
哺乳母猪	12.2	16.3	0.8	0.55	0.95	0.75
公　猪	13.5	17	0.92	0.6	0.9	0.7

表 8-2　深农配套系猪饲料配方(推荐)　(%)

饲　料	小猪	中猪	大猪	后备母猪	妊娠母猪	产前母猪	哺乳母猪	公猪
玉　米	63	67	65	67	63	61	65	69
豆　粕	27	27	20	19	18	26	27	20
鱼　粉	3	—	3	2	—	—	2	3
麸　皮	—	—	8	8	15	8	—	3
油　脂	3	2	—	—	—	1	2	1
预混料	4	4	4	4	4	4	4	4
合　计	100	100	100	100	100	100	100	100

注:预混料由深圳市农牧实业有限公司下属饲料公司配制

二、中育猪配套系

中育猪配套系猪是北京养猪育种中心培育的配套系种猪。该中心自 1991 年引进美国迪卡配套系猪以来,始终致力于优质瘦肉型配套系种猪的培育和推广工作。自 1997 年起,中心利用多年来从国外引进的优秀猪种,分化选育出 11 个品系种猪。其中的父系选育目标突出生长速度、饲料转化率和肉质性状,母系选育目标突出以窝产仔猪头数、窝间距为标志的繁殖力性状,同时考虑适当的瘦肉率性状和肉质。在此基础上,经过杂交试验,基于目标市场的需要,筛选出由4个专门化品系组成的杂交繁育体系,命名为中育猪配套系,于2004年和2005年,先后通过了品种审定专家组的审定和农业部的审批。

中育猪配套系的培育得到了农业部和科技部的积极支持,是农业部2000年度的"跨越计划"和科技部2002年"863计划"项目。

项目实施过程中,运用了包括生物技术在内的各项先进技术,提高了中育配套系猪的选育质量并加快了选育效率。

(一)中育猪配套系的配套模式与繁育体系

中育猪配套系的配套模式与繁育体系见图8-4。

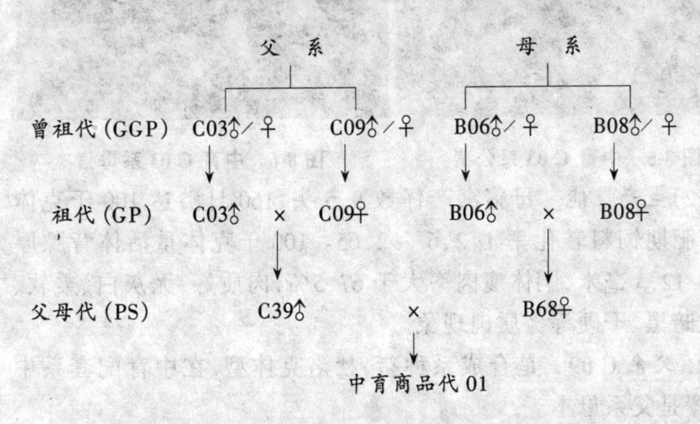

图8-4 中育猪配套系配套模式与繁育体系示意图

(二)母系和父系的一般特征特点

母系突出选育繁殖性能好,生长速度快,饲料转化率高。父系突出选育瘦肉型体型,体质结实,肌肉发达,四肢粗壮,生长速度快,饲料转化率高,背膘不厚且均匀,瘦肉率高,氟烷敏感基因阴性。

(三)曾祖代各品系种猪

1. 父系 C 03 皮特兰猪类型,在配套系中的位置是父系父本。

(1)体型外貌 被毛灰白色,有黑白斑点,有的杂有红毛,头颈部清秀,耳直立或前倾,体躯宽平、有背沟,胸部丰满,后躯发达,肌肉界限明显,体质结实健壮,乳头排列整齐,有效乳头 6 对以上(图 8-5,图 8-6)。

图 8-5 中育 C 03 系公猪

图 8-6 中育 C 03 系母猪

(2)生产性能 母猪窝产仔数 9.5 头,160 日龄达 100 千克体重,育肥期饲料转化率 1:2.6 ~ 2.65。100 千克体重活体背膘厚 10.7 ~ 12.3 毫米,胴体瘦肉率大于 67.5%,肉质好,无灰白、柔软、渗水、暗黑、干硬等劣质肉现象。

2. 父系 C 09 是合成系种猪,杜洛克体型,在中育配套系中的位置是父系母本。

(1)体型外貌 被毛白色,耳中等大小、直立,胸宽而深,背腰略弓,腹线微下曲,四肢粗壮有力,后躯发达,体质结实,乳头排列整齐,有效乳头平均 6 对以上(图 8-7,图 8-8)。

(2)生产性能 母猪发情明显,且发情比较稳定,窝产仔 9 ~ 10.1 头,155 日龄达 100 千克体重,育肥期饲料转化率1:2.28 ~ 2.35。100 千克体重活体背膘厚 12 ~ 12.8 毫米,胴体瘦肉率66%

图 8-7 C 09 系公猪

图 8-8 C 09 系母猪

左右,肉质无灰白、柔软、渗水、暗黑、干硬等劣质肉现象。

3. 母系 B 06 在配套系中的位置是母系父本,大白猪体型。

(1)体型外貌 被毛白色,耳中等大小、直立,头不大,无腮肉,头颈结合良好,胸宽,肋弓开张良好,背腰平直且较长,后躯发达,四肢高而健壮,体质结实健壮,乳头排列整齐,有效乳头 7 对以上(图 8-9,图 8-10)。

图 8-9 中育 B 06 系公猪

图 8-10 中育 B 06 系母猪

(2)生产性能 母猪窝产仔 10.2～10.7 头,151 日龄达 100 千克体重,育肥期饲料转化率 1∶2.31～2.35。100 千克体重活体背膘厚 12.5～12.9 毫米,胴体瘦肉率大于 65%,肉质好,无灰白、柔软、渗水、暗黑、干硬等劣质肉现象。

4. 母系 B 08 在配套系中的位置是母系母本,长白猪类型。

(1)体型外貌 被毛白色,个别猪在头部和臀部有少量小浅黑斑,头部、颈部清秀,耳平直、前倾,胸宽深发育充分,背部略呈弓形,腹部开阔平直,四肢较细而高,体型好,母猪的外阴、乳头发育充分,乳头排列整齐,有效乳头平均7对以上(图8-11,图8-12)。

图8-11　中育B 08系公猪

图8-12　中育B 08系母猪

(2)生产性能　母猪发情明显、且发情比较稳定,窝产仔11.5～12.4头,148日龄达100千克体重,育肥期饲料转化率1:2.30～2.35。100千克体重活体背膘厚12.6～13.4毫米,胴体瘦肉率大于66%,肉质好,无灰白、柔软、渗水、暗黑、干硬等劣质肉现象。

(四)父母代种猪

1. 父母代公猪C 39系　是祖代C 03系公猪与祖代C 09系母猪交配生产的杂种猪,在配套系生产中仅使用公猪,用C 39代表。

(1)体型外貌　C 39系猪全身被毛白色,少数猪皮肤有暗斑,耳中等大小略向前倾,体躯宽而短,胸宽而深,背较宽平丰满,腿臀发达,肌肉明显,四肢粗壮(图8-13)。

(2)生产性能　C 39系猪149日龄达100千克体重,饲料转化率1:2.31。100千克体重活体背膘厚度11.4毫米。

2. 父母代母猪B 68系　是祖代B 06系公猪与祖代B 08系母猪交配生产的杂种猪,在配套系生产中仅使用母猪,用B 68代表,也可以通过反交的形式生产。

(1)体型外貌　B 68系猪全身被毛白色,耳直立或前倾略向下垂,背腰平直且较长,腹线平直,后躯较发达,四肢高而健壮。母猪的外阴、乳头发育良好,乳头排列整齐,有效乳头7对以上(图8-14)。

图 8-13 中育父母代 C 39 公猪

图 8-14 中育父母代 B 68 母猪

2. 生产性能 B 68 系猪母猪窝产仔 11.4～12.5 头，151 日龄达 100 千克体重，饲料转化率 1∶2.3。100 千克体重活体背膘厚度 13.3 毫米。

(五)终端商品猪

1. 体型外貌 中育配套系商品猪全身被毛白色，少部分猪皮肤有暗斑，皮肤特别薄，耳中等大小、略向前倾，体躯宽而适中，胸宽而深，背腰宽平，肌肉丰满发达，群体整齐(图 7-15，图 7-16)。

图 8-15 中育配套系商品猪

图 8-16 中育配套系商品猪群

(2)生产性能 147 日龄达 100 千克体重，饲料转化率 1∶2.32。100 千克体重活体背膘厚度 12.4 毫米。100 千克体重屠宰时，胴体瘦肉率 66.5%。肉质优良，无灰白、柔软、渗水、暗黑、干硬等劣质肉。

(六)供种场家

北京养猪育种中心是中育猪配套系种猪的惟一生产场家,生产场家的情况在伊比得配套系猪的供种场家中已作介绍。

(七)饲养管理特点

中育猪配套系的推荐饲料配方见表8-3。

表8-3 中育猪配套系饲料配方(推荐) (%)

饲料成分	保育猪	中猪 30~50千克	大猪 50千克至配种	妊娠母猪	哺乳母猪
玉　米	64.5	67	68	66.6	65.1
豆　粕	24	20	15	15	20
麸　皮	4	7	12	9	4
苜　蓿	—	—	—	4	2
鱼　粉	2	1	1	1	3
植物油	1.5	1	—	—	1.5
预混料	4	4	4	4.4	4.4
合　计	100	100	100	100	100

附录 各品种、各配套系种猪的供种单位及联系方式

供猪品种(系)名称	品牌	供种单位	联系电话
桑梓湖长白、大白、杜洛克	桑梓湖	湖北省畜牧良种场	0716-8399486
加系长白、大白,美系、台系杜洛克	江良	广东省台山长江食品集团	0750-5660836
法系长白、大白、皮特兰,丹系长白、英系大白,达兰配套系、中育配套系	中育	北京市养猪育种中心	010-62948052
英系大白、丹系长白、台系杜洛克	—	湖北省粮油进出口集团长流畜牧公司	0713-4861768
丹系长白、英系大白、美系杜洛克	天河	天津市宁河原种猪场	022-69431057
加系、丹系长白,加系大白、杜洛克	永新源	广西壮族自治区农垦永新种猪改良有限公司	0771-2621670
深农配套系,美系长白、大白、杜洛克	南雁	深圳市农牧实业有限公司	0755-82424764
加系长白、大白、杜洛克	大北农	北京大北农饲料集团	010-82856432
龙骏长白、大白、杜洛克	龙骏	广东省中山食品进出口公司白石猪场	0760-6681783
丹系长白、大白、杜洛克,加系大白、杜洛克	罗牛山	海南省海口农工贸(罗牛山)股份有限公司	0898-68581891
英系、加系大白、长白	天马	福建省天马种猪场	0592-7018229

续表

供猪品种(系)名称	品　牌	供种单位	联系电话
法系长白、大白、皮特兰,美系长白、大白、杜洛克	华　都	北京华都种猪繁育有限责任公司	010-89615244
法系长白、大白、皮特兰	温　氏	广东省温氏食品集团	0766-2291600
丹系长白、英系大白、美系杜洛克	—	山东省日照原种猪场	0633-8269398
丹系长白、英系大白、美系杜洛克	龙　王	湖北省龙王畜牧有限公司	0724-7324987
丹系长白、美系杜洛克	华美金箭	华美(惠州)畜牧科技有限公司	0752-2609283
加系大白、杜洛克,金华猪	建　优	浙江加华种猪有限公司	0579-2463576
丹系长白、英系大白、美系杜洛克、斯格配套系	京　安	河北裕丰实业股份京安分公司	0318-7816333
PIC 配套系	PIC	PIC(江苏省张家港市)种猪改良有限公司	021-62702737
丹系长白、大白、杜洛克,台系长白、大白、杜洛克	良　育	江西省东乡良友畜牧有限公司	0794-4332578
台系杜洛克,瑞系长白、大白	国　寿	福建省厦门国寿种猪开发有限公司	0592-7233967
加系、台系长白、大白、杜洛克	福来登	四川省原种猪场	028-82771027
美系、加系长白、大白、杜洛克	益　生	山东省益生种畜禽有限公司	0535-6489110

续表

供猪品种(系)名称	品牌	供种单位	联系电话
美系长白、大白、杜洛克	晒湖	湖北省原种猪场	0711-3601598
PIC配套系	—	重庆合川市五洋畜牧科技有限责任公司	023-42838614
丹系长白、英系大白、台系杜洛克	—	湖南正大畜牧有限公司	0732-3582084
加系长白、大白、杜洛克，内江猪	—	四川省内江市种猪场	0832-2511449
丹系长白、加系大白、美系杜洛克	—	淮北市宏达良种猪养殖有限公司	0561-4691415
丹系长白，美系大白、杜洛克	—	湖南省原种猪场	0731-8380637
丹系、瑞系长白，瑞系、英系、加系大白，台系、美系杜洛克	中东	江苏常州瘦肉型猪原种场有限公司	0519-6361238
丹系长白、大白、杜洛克	广州力智	广东省广州力智农业有限公司	020-87455598
英系大白，法系长白、大白，美系杜洛克	白塔	内蒙古自治区白塔种猪场	0471-4187085
法系长白，加系大白，美系、台系杜洛克	诸美	河南省正阳种猪场	0396-8739618
加系大白、丹系长白、美系杜洛克	天蓬	江西省养猪育种中心	0791-3975150
美系长白、大白、杜洛克	—	河南省种猪育种中心	0371-5956694

续表

供猪品种(系)名称	品　牌	供种单位	联系电话
PIC 配套系	—	四川省井研县食品有限责任公司	0833-3712184
丹系长白、加系大白、美系杜洛克	—	新疆自治区奇台县国营种猪场	0994-7290308
丹系长白,法系、英系大白,台系、美系杜洛克	—	山西省大同市基业畜牧科技有限责任公司	0352-5104557
丹系长白,美系大白、杜洛克	—	贵州省畜禽良种场	0851-6224477
加系、瑞系长白、大白、杜洛克	—	辽宁省阜新原种猪场	0418-8100888
法系长白、大白,台系杜洛克	—	辽宁省辽阳博丰种猪繁育有限公司	0419－7608777
英系大白	—	总参兵种部天津农场	022-24988847
丹系、美系大白、杜洛克	础　明	辽宁省大连础明集团	0411-6653959
源丰杜洛克、大白、长白	源　丰	广东省东莞食品进出口公司塘厦猪场	0769-7910403
丹系长白,美系大白、杜洛克	天　心	湖南省天心牧业有限公司	0731-5586736
美系长白、杜洛克,英系大白	—	广西壮族自治区种猪场	0771-3315372
丹系长白,英系大白,美系、台系杜洛克	—	四川省乐山市种畜场	0833-3863568
PIC 配套系	吉林华正	吉林省华正农牧业开发股份有限公司	0431-6113015

续表

供猪品种(系)名称	品 牌	供种单位	联系电话
丹系长白，英系大白，美系、台系杜洛克	天 种	湖北省天种畜牧股份有限公司	027-61918848
瑞系长白、大白	—	河北省石家庄市牧工商开发总公司	0311-6823613
丹系长白、英系大白、美系杜洛克	—	云南省原种猪场	0871-7392953
法系大白	六 博	浙江省龙游县大约克种猪试验场	0570-7840402
美系杜洛克	—	安徽省畜禽品种改良站原种猪场	0551-8564194
法系、丹系长白、大白，台系杜洛克	—	山东省济宁原种猪场	0537-2595539
美系长白、大白，美系、台系杜洛克	祥 欣	上海祥欣畜禽有限公司	021-58051338
瑞系长白、大白	东 瑞	广东省瑞昌食品进出口有限公司	0762-8100188
英系长白、大白	—	重庆市种畜场(华牧集团)	023-89075386
加系长白、大白，法系皮特兰	—	黑龙江省双鸭山市双兴牧业有限公司	0469-4269307
台系长白、大白、杜洛克	—	福建省大禾农牧发展有限公司	0599-8611455
加系大白，丹系长白、杜洛克，太湖猪(二花脸)	—	江苏省常熟市畜禽良种场	0512-52836025

续表

供猪品种(系)名称	品　牌	供种单位	联系电话
丹系长白、大白,美系、英系大白,台系杜洛克	正　虹	湖南省正虹种猪场	0731-2207169
PIC 配套系	—	重庆市大正畜牧科技股份有限公司	023-42592074
加系大白,美系杜洛克	泛　区	河南省黄泛区鑫欣牧业有限公司	0394-2567124
苏太猪、太湖猪	苏　太	江苏省苏州市太湖猪育种中心	0512-65250513
法系长白、英系大白、台系杜洛克	—	黑龙江省红兴隆农垦曙光农场	0454-6670118
法系长白、大白、皮特兰	—	山东冠县绿丰养殖有限公司	0635-5268268
民　猪	—	黑龙江省兰西县种猪场	0455-5622118
英系大白、丹系长白、美系杜洛克	—	河北省兴达原种猪有限公司	0312-2911158
加系大白、美系杜洛克、法系皮特兰	—	山东省威海原种猪场	0631-7898865

犊牛疾病防治 6.00元
肉牛高效养殖教材 5.50元
优良肉牛屠宰加工技术 23.00元
西门塔尔牛养殖技术 6.50元
奶牛繁殖障碍防治技术 6.50元
牛羊猝死症防治 9.00元
现代中国养羊 52.00元
羊良种引种指导 9.00元
养羊技术指导(第三次修订版) 11.50元
农户舍饲养羊配套技术 12.50元
羔羊培育技术 4.00元
肉羊高效益饲养技术 6.00元
肉羊饲养员培训教材 9.00元
怎样养好绵羊 8.00元
怎样养山羊(修订版) 7.50元
怎样提高养肉羊效益 7.50元
良种肉山羊养殖技术 5.50元
奶山羊高效益饲养技术(修订版) 6.00元
关中奶山羊科学饲养新技术 4.00元
绒山羊高效益饲养技术 5.00元
辽宁绒山羊饲养技术 4.50元
波尔山羊科学饲养技术 8.00元
小尾寒羊科学饲养技术 4.00元
湖羊生产技术 7.50元
夏洛莱羊养殖与杂交利用 7.00元
无角陶赛特羊养殖与杂交利用 6.50元
萨福克羊养殖与杂交利用 6.00元
养场畜牧师手册 35.00元
羊病防治手册(第二次修订版) 8.50元
羊病诊断与防治原色图谱 19.00元
科学养羊指南 19.00元
绵羊山羊科学引种指南 6.50元
南江黄羊养殖与杂交利用 6.50元
羊胚胎移植实用技术 6.00元
肉羊高效养殖教材 4.50元
肉羊饲料科学配制与应用 7.50元
图说高效养兔关键技术 14.00元
科学养兔指南 35.00元
简明科学养兔手册 7.00元
专业户养兔指南 12.00元
长毛兔高效益饲养技术(修订版) 9.50元
怎样提高养长毛兔效益 10.00元
怎样提高养獭兔效益 8.00元

以上图书由全国各地新华书店经销。凡向本社邮购图书或音像制品,可通过邮局汇款,在汇单“附言”栏填写所购书目,邮购图书均可享受9折优惠。购书30元(按打折后实款计算)以上的免收邮挂费,购书不足30元的按邮局资费标准收取3元挂号费,邮寄费由我社承担。邮购地址:北京市丰台区晓月中路29号,邮政编码:100072,联系人:金友,电话:(010)83210681、83210682、83219215、83219217(传真)。